5G的商业革命

5G'S BUSINESS REVOLUTION

金 易◎著

SPM
南方出版传媒
广东经济出版社
·广州·

图书在版编目（CIP）数据

5G 的商业革命/ 金易著. —广州：广东经济出版社，2019.7
ISBN 978－7－5454－6566－2

Ⅰ.①5… Ⅱ.①金… Ⅲ.①无线电通信－移动通信－通信技术 Ⅳ.①TN929.5

中国版本图书馆 CIP 数据核字（2018）第 289006 号

出 版 人：李　鹏
责任编辑：蒋先润
责任技编：许伟斌
封面设计：回归线

5G 的商业革命
5G De Shangye Geming

出版发行	广东经济出版社（广州市环市东路水荫路 11 号 11～12 楼）
经销	全国新华书店
印刷	佛山市浩文彩色印刷有限公司 （南海区狮山科技工业园 A 区兴旺路 6 号）
开本	730 毫米×1020 毫米　1/16
印张	13.5
字数	220 000 字
版次	2019 年 7 月第 1 版
印次	2019 年 7 月第 1 次
印数	1～5 000 册
书号	ISBN 978－7－5454－6566－2
定价	42.00 元

如发现印装质量问题，影响阅读，请与承印厂联系调换。
发行部地址：广州市环市东路水荫路 11 号 11 楼
电话：（020）38306055　邮政编码：510075
邮购地址：广州市环市东路水荫路 11 号 11 楼
电话：（020）37601950　营销网址：**http://www.gebook.com**
广东经济出版社新浪官方微博：**http://e.weibo.com/gebook**
广东经济出版社常年法律顾问：胡志海律师

CONTENTS 目录

第一章

大国较量：5G 的战争

2018年1月29日，美国科技网站Axios曝光了自己获取的一份机密文件。该文件显示，美国国家安全官员提议联邦政府接管本国的部分移动网络。

据了解，Axios拿到的一份幻灯片文件和一份备忘录全都来自一名美国国家安全委员会成员，同时该文件已经提交给特朗普政府其他部门的高级官员评估。

面对媒体的追问，美国政府一名高级官员证实了Axios所报道的内容。该官员表示，5G（第五代移动通信技术）网络国有化项目前只是在政府较低的层面进行讨论，提交给美国第45任总统唐纳德·特朗普本人考虑还需要6~8个月的时间。

该机密文件中提到，美国应该建设一个集中化、全国性的5G网络，并在3年之内建成。尽管白宫方面出面解释，没有任何兴趣建设美国政府经营的5G网络，但是该机密文件却透露了一个信息，即5G网络在全球范围内的战略地位正在凸显。

该机密文件中多次提到，中国在制造及运营网络基础设施方面已经成为5G网络的主导力量，美国政府需要予以重视，并及早地做出应对部署。

基于此，或许这也就是美国攻击中兴通讯和华为的直接原因。

不可否认的是，美国之所以攻击中兴通讯和华为，是因为美国，尤其是特朗普政府打着自己的如意盘算，这样不仅可以阻击华为、中兴通讯在美国的市场拓展进程，同时还有助于自己牢牢地掌握5G网络的控制权。

为了争夺5G的控制权，全球多个国家和地区都在摩拳擦掌，甚至磨刀霍霍。在5G的布局中，所有竞争者都试图站在国家的层面制订明确的5G计划，争取尽早地建成一个高水平的5G商用网络，以便在全球5G产业链中占据绝对优势。

在通信大国或国际组织中，美国、中国、欧盟、韩国、日本都提出计划，将在2019年下半年展开5G网络商用部署。这样就预示着，5G的较量不仅仅是一场科技的竞争，更是通信大国或国际组织之间的较量。于是，在争取控制权的过程中，一场关于5G的战争早已在硝烟弥漫的国际战场上打响。

众所周知，移动通信是国家关键基础设施建设和经济增长的新引擎，也是科技革命和产业变革的重要驱动力，很多发达国家为此都将移动通信作为“构筑竞争优势的战略必争地”。

基于此，中美两国围绕半导体和通信的“革新霸权”开展竞争。美国担心，中国的信息通信产业迅速崛起，若现在不进行遏制，美国在产业和经济领域，甚至是金融和军事等领域的优势将会动摇。这也正是在中美科技角逐中，美国始终打压中国企业的深层次原因。

在5G的饕餮盛宴中，尤其是因为关乎国家利益，全球顶尖的通信企业，如华为、中兴通讯、中国移动、中国电信、中国联通、美国电话电报公司、英国电信、德国电信、爱立信、富士通、英特尔、韩国电信公司、LG 电子、LG Uplus、联发科技、诺基亚、NTT DOCOMO、Orange、三星电子、SK 电讯、Sprint、西班牙电信、Telia、T-Mobile、Verizon和沃达丰等，无疑都会积极地加入5G控制权的争夺战。

全球主要国家的5G较量早已展开

2018年4月，一直处于高热度的5G再次登上头条新闻，原因是美国科技网站Axios披露了美国2018年1月白宫备忘录中提出的关于5G的机密文件。

在该文件中提及，美国政府认为创建一个国有化的5G网络，是美国保护自己免受中国安全威胁的唯一途径。虽然不久美国就否认了这个计划，甚至认为，这是美国政府对私营领域的侵犯，但是这样的做法，可以解读为美国政府对中国5G技术的研发进度感到恐惧。

在此之前，5G的产业格局就刺痛了第45任美国总统特朗普脆弱的神经，当时他签署了一项行政命令，阻止总部位于新加坡的博通以1170亿美元收购高通，尽管博通已承诺，倘若并购成功，就把公司总部从新加坡迁回美国。但是特朗普政府却格外警惕，美国外国投资委员会警告道："这项收购交易将会影响高通开发5G的能力。"

在特朗普政府看来，一旦允许此项并购，就可能会让中国率先推进5G技术。那么5G究竟是什么技术呢？为什么特朗普政府对中国取得5G成果如此忌惮呢？

什么是5G

所谓"5G"，其实就是第五代移动电话行动通信标准，也称"第五代移动通信技术"，5G是英文名称"5th-Generation"的缩写。

该技术是4G的延伸，很多应用都还在研究中。2017年12月21日，在国际电信标准组织3GPP RAN第78次全体会议上，第五代移动通信技术标准

（5G NR）首发版本正式冻结并发布。2018年2月23日，沃达丰和华为完成首次5G通话测试。

2018年6月14日，在美国圣地亚哥，3GPP全会批准了5G NR独立组网（SA）功能冻结。参会的有500多家系统厂商、终端厂商、芯片厂商、仪表厂商及垂直行业厂商。此次SA功能冻结，不仅使5G NR具备了独立部署的能力，也带来全新的端到端新架构，同时意味着5G可以正式进入商用阶段。

按照业内专家的预计，5G的高速下载速度将高达每秒20千兆字节。此网速在几秒钟内就可以下载一部高清电影。由于5G技术具有更低的延迟性和更高的连接性，这意味着更短的发送数据延迟时间以及能够同时连接更多的网络设备。

由于5G具有上述网速快、低延迟、高连接性三个特征，因此其能为物联网背景时代，包括无人驾驶汽车、智能城市、虚拟现实，甚至远程手术提供技术支撑。

在5G关键技术中，量化的性能指标有如下三个：①室外100Mbps和热点地区1Gbps的用户体验速率；②与4G相比，5G需要有10~100倍的连接数和连接密度的提升；③空口时延在1毫秒以内，端到端时延在毫秒级。

基于上述的性能指标，5G技术可以覆盖四大场景，这分别是：宏覆盖增强场景、超密集部署场景、机器间通信场景以及低时延和高可靠场景。

（1）宏覆盖增强场景。

在宏覆盖增强场景中，5G频段多半采用的是低频的，覆盖半径可以达到数公里，有效地实现100Mbps的用户体验速率性能指标。

在宏覆盖增强场景中，由于不同用户到基站的路损差异较大，信噪比差别无疑也较大。原因是，在宏站上通常允许布置很多天线，这就造成连接数量较多。

基于此，解决该问题的技术可以选择如下几种：大规模天线、非正交传输，以及新型调制编码。一般情况下，这些技术可以较好地共存，即复合使用，总的增益近似等于各个技术所带来的增益的叠加。

（2）超密集部署场景。

在5G的应用场景中，几乎都涉及密集部署相关的区域，例如企业办公室、人口密集的城市公寓、大型商场、露天集会、体育场馆，等等。

在这种场景下的用户体验不论在室外或是室内，其速率都必须达到1Gbps。很显然，这样的用户密度非常大。

通常，由于小区的拓扑形状，其往往呈现高度的异构性和多样性，包括宏小区、微小区、毫微微小区、微微小区。

在这些区域，基站发射功率、天线增益、天线高度也都有天壤之别。通常，适合的潜在技术有高级的干扰协调管理、虚拟小区、无线回传、新型调制编码、增强的自组织网络等。

当然，对于室内部署还可以采用高频通信，增强用户的体验，以此来降低对小区间的干扰。高频通信具备短波长性质，这就使得大规模天线阵列更容易部署。

（3）机器间通信场景。

该场景的最大挑战，是需要支持海量的终端设备，这就要求每台机器终端设备的成本远低于一般的手机终端，同时在功耗方面也要足够低，以保证电池几年不耗尽，且还应能够覆盖到地下室。这就需要挖掘潜在的技术，包括窄带传输、控制信令优化、非正交传输。

（4）低时延和高可靠场景。

在5G技术中，作为标志性的网络传输技术，低时延和高可靠是必须具备的硬性指标。例如，在某些制造工业中的机器间通信必须保证低时延，即使是毫秒级的时延，也会严重地影响产品的质量。

又如，毫秒级时延和近乎为0的检测率是智能交通系统的硬性要求，否则就无法避免交通事故的发生。面临这种场景，适合的潜在技术有物理帧的新设计、高级的链路自适应。另外，选择终端直通技术也可以缩短端到端的时延。

谁率先开发出5G，谁就成为领跑者

在布局5G的战斗中，谁成为第一个开发出5G的国家，谁就将拥有非常重要的话语权。谁先开发出5G，或者率先开发出5G的各个组成部分，谁就成为领跑者。

原因是，率先开发出5G者都可能将他们的知识产权写进3GPP和国际电信联盟（ITU）的国际标准中，作为国际标准的一部分，这样无疑会给他们带来巨大的商业优势，不仅可以让他们销售符合标准的产品，同时还将允许他们向使用该技术的其他公司收取相关的专利授权费用。

由于历史的原因，在通信技术专利方面，1G、2G、3G的核心专利技术几乎被美国的高通、瑞典的爱立信垄断，中国不得不跟随。这就导致中国通信业在"走出去"的过程中频频遭遇海外国家的重重狙击，比如被控告侵权和禁运等。

经过一段时间的发展后，尤其是在4G阶段，中国的专利水平逐渐崭露头角。华为、中兴、大唐在LTE（4G）方面的专利数在全球排名分别为第三位、第七位和第十位（见图1-1）。

由于高通持有大量涉及CDMA、GSM、WCDMA、TD-SCDMA和LTE（4G）等无线通信技术标准的必要专利，这为高通每年贡献了30%的营业收入。仅仅在2016年，高通的专利授权收入就达到81亿美元（见图1-2）。

在目前，高通的通常做法是实行授权许可，对于在中国大陆销售使用授权专利的3G设备、4G设备，以设备整机销售净价的65%为基础，分别收取5%和3.5%的专利费。

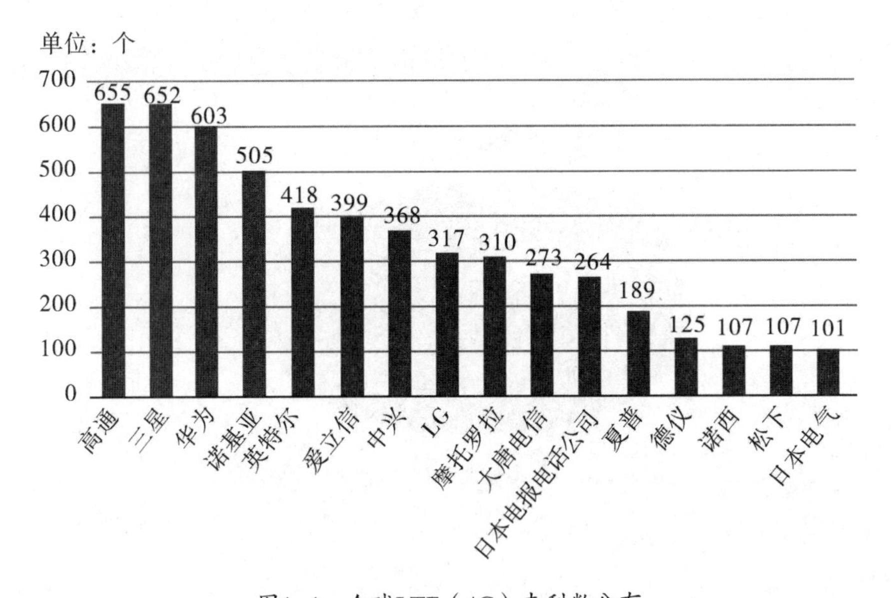

图1-1　全球LTE（4G）专利数分布

资料来源：中国产业信息网，《2017年中国5G行业发展趋势预测分析》，2017年9月25日。

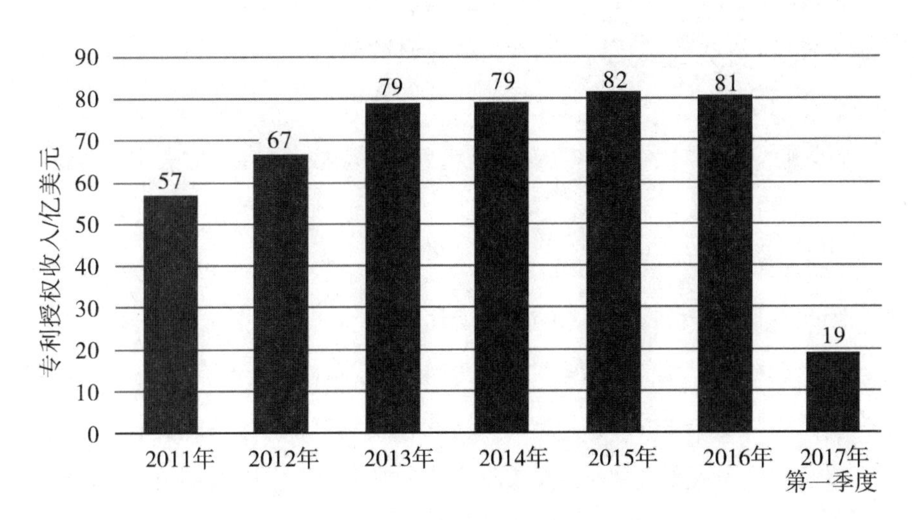

图1-2　2011年至2017年第一季度高通的专利授权收入

资料来源：中国产业信息网，《2017年中国5G行业发展趋势预测分析》，2017年9月25日。

按照这样的标准，2016年高通从中国大陆出售的通信终端里收取的专利费就高达46亿美元，此项全球收入中国大陆占比达到57.40%（见图1-3）。

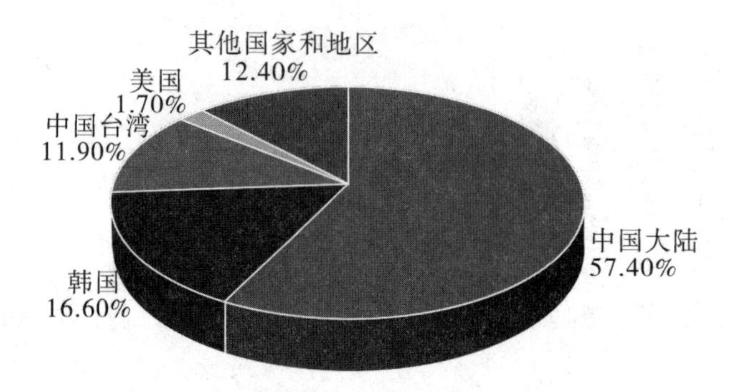

图1-3　2016年高通通信终端专利费收入占比

资料来源：中国产业信息网，《2017年中国5G行业发展趋势预测分析》，2017年9月25日。

如此庞大的市场，是美国和中国政府都决定鼓励和支持5G发展的原因。《5G经济社会影响白皮书》中的数据显示，至2030年，在直接贡献方面，5G将带动的总产出、经济增加值和就业机会分别为6.3万亿元、2.9万亿元和 800万个；在间接贡献方面，5G将带动的总产出、经济增加值和就业机会分别为10.6万亿元、3.6万亿元和1150万个。

除了巨大的商业价值外，影响巨大的5G标准还具有绝对的安全优势。原因是开发标准化技术的国家可能对其工作原理有了更深入的了解，包括任何接入点或者任何漏洞。由于该技术标准会影响连接到5G网络的任何设备，因此所有智能设备和物联网都可能存在漏洞。

正因为如此，美国政府对中国强势崛起的5G，以及对自身失去5G的发展控制权感到十分恐惧。在一封关于博通和高通的交易协议的书信中，美国外国投资委员会写道："收购将降低高通在标准制定中的长期技术竞争力和影响力，将对美国国家安全产生重大影响。这在很大程度上是因为，高通公司地位的减弱将为中国扩大对5G标准制定过程的影响开放更多的机会。"

中国的5G战略机会

中国政府表示将致力于开发5G技术。在“十三五”规划，以及“中国制造2025”计划，以及2018年的“两会”会议上中国发布的《政府工作报告》中都强调了要研发5G技术。

中国政府试图在3GPP和ITU制定的国际标准上发挥自身的主导作用。在过去的几代移动网络技术的标准制定过程中，中国由于自身的历史原因，落后于发达国家。此次发力，中国政府有意超越发达国家，最起码也要与之保持同步。

杰富瑞投资银行的一份报告显示，5G为“中国的世纪机遇”。该报告指出：“中国可以从第一天起就开始参与5G设计过程，而且已经有了这样的机会。”

该报告认为，面对如火如荼的5G研发，中国除了参与，还拥有自己制定标准的能力。这意味着，此刻的中国，已经拥有良好的天时、地利、人和的5G战略机会。

中国5G的国家意志

在近几年的各种信息中，充分显示了5G已被中国政府纳入国家战略。2017年3月“两会”期间，李克强总理在《政府工作报告》中专门提及第五代移动通信技术（5G）对于国家未来发展的重要性。在国务院发布的《“十三五”国家信息化规划》中，也回顾了取得的成就：

信息基础设施建设实现跨越式发展，宽带网络建设明显加速。截至2015

年底，我国网民数达到6.88亿，互联网普及率达到50.3%，互联网用户、宽带接入用户规模位居全球第一。第三代移动通信网络（3G）覆盖全国所有乡镇，第四代移动通信网络（4G）商用全面铺开，第五代移动通信网络（5G）研发步入全球领先梯队，网络提速降费行动加快推进。三网融合在更大范围推广，宽带广播电视和有线无线卫星融合一体化建设稳步推进。北斗卫星导航系统覆盖亚太地区。

信息产业生态体系初步形成，重点领域核心技术取得突破。集成电路实现28纳米（nm）工艺规模量产，设计水平迈向16/14nm。“神威·太湖之光”超级计算机继“天河二号”后蝉联世界超级计算机500强榜首。高世代液晶面板生产线建设取得重大进展，迈向10.5代线。2015年，信息产业收入规模达到17.1万亿元，智能终端、通信设备等多个领域的电子信息产品产量居全球第一，涌现出一批世界级的网信企业。

网络经济异军突起，基于互联网的新业态新模式竞相涌现。2015年，电子商务交易额达到21.79万亿元，跃居全球第一。“互联网+”蓬勃发展，信息消费大幅增长，产业互联网快速兴起，从零售、物流等领域逐步向一二三产业全面渗透。网络预约出租汽车、大规模在线开放课程（慕课）等新业态、新商业模式层出不穷。

电子政务应用进一步深化，网络互联、信息互通、业务协同稳步推进。统一完整的国家电子政务网络基本形成，基础信息资源共享体系初步建立，电子政务服务不断向基层政府延伸，政务公开、网上办事和政民互动水平显著提高，有效促进政府管理创新。

在这份规划中多次提及5G，这从另外一个角度说明，中国政府有志于在5G上脱颖而出，尽可能地走在全球前列。

由于5G是大国产业界的必争高地，各方自然会想尽一切办法去占领。以中国三大运营商（中国移动、中国联通和中国电信）为主体，在4G竞争中，中国移动在中国国内通信市场中占据领先地位，暂时落后的中国联通和中国电信为了追赶，已在纷纷发力5G。这让中国三大运营商推动5G进入通用领域更有自身的动力，也为通信领域自上而下竞争格局的重塑打下坚实基础。

在通信领域，最为典型的特征是基础设施先行建设。以4G为例，在过去几年的"宽带中国"等硬件建设潮中，催生了海量的光通信市场（光纤光缆、光模块、光器件等市场）。即将到来的5G的投资规模、竞争格局也是如此。

中国国内通信产业链在经历了2G空白、3G跟随、4G同步的路径后，同时发力5G和物联网，这为中国5G逐步地引领全球创造了条件。

面对当前如火如荼的5G建设，在2017中国通信产业大会上，时任工信部信息通信发展司副司长的陈立东说道："要加快新一代信息通信技术的发展，当前信息通信技术飞速发展，已成为研究投入最为集中、创新最为活跃的技术。世界各主要国家纷纷制订相关的计划，加大对信息通信技术发展的支持力度……当前特别要加快推动5G技术研发，尽快突破系统、终端、芯片、器件等各环节关键技术，继续组织研发实验，以实验促进技术成熟，实现5G的按期'上映'。打造完整的产业体系，组织开展试点示范，带动行业整体水平持续的提升。"

在陈立东副司长看来，打造完整的5G产业体系，是带动和提升中国话语权的具体体现，其战略意义非常重要。5G在2018年"两会"期间也占据了技术领域的领导地位。全国人大代表、中国信息通信研究院的刘多院长称："中国在3GPP的5G标准化项目中占了约40%。"

刘多院长还介绍说："中国向3GPP提交了8700份相关文件。"刘多院长在接受《中国日报》采访时说道："中国已经加入5G技术领域的顶级行列中，从技术跟随者转变为全球技术创新者。"

杰富瑞的报告数据显示，2017年，来自中国的代表占据了3GPP57个职位中的10个，其中有人担任3GPP组织或者小组的主席或者副主席。而在2013年，其数量只有8个。

法律服务和技术咨询公司LexInnova的数据显示，截至2017年初，中国拥有5G基本知识产权中约10%的份额。

为了获得更多市场，华为巨额投入5G的研究和开发。《纽约时报》报道称，自2009年至2017年，华为花费了6亿美元进行5G研究，而在2018年，其更是安排了8亿美元的5G研发资金。

除了华为，中国运营商也试图保持与发达国家一致的时间表来开发自己的5G网络。在中国，无线网络提供商已经在多个城市测试5G网络。比如北京的怀柔区，刘多院长介绍，“这是目前全球范围内最大的5G现场测试”。

除了怀柔区，中国电信和中国移动还在雄安新区进行了5G的试点。在此之前，中国移动在运营的地区通过5G完成了对远程遥控汽车的测试。

这些数据说明，中国的5G地位越来越重要，虽然还不知道最终产品会是什么样子，但是中国已经有能力参与国际标准的制定，更重要的是，中国的5G战略将会越来越被国际组织所关注。

5G即将成为“走出去”的中国核心产业

作为后起之秀的中国更为看重5G的发展机会。在高铁等项目作为中国产业“走出去”后，5G无疑被中国政府视为核心产业“走出去”的又一张靓丽的“名片”。

国际标准还没有完全确定下来，这对于中国试图打破外国对核心专利的垄断来说，已是刻不容缓的事情。这主要源于中国当前的通信产业现状。

中国作为名副其实的全球通信产业第一大国，由于通信标准专利才刚开始迎头赶上，每年都要支付巨额的专利费。

公开数据显示，2016年全球智能手机出货量高达15亿部，其中中国品牌出货量高达4.65亿部，占比为31%（见图1-4），其中华为、OPPO、vivo、金立等4家品牌占领了中国品牌出货量的76.7%。

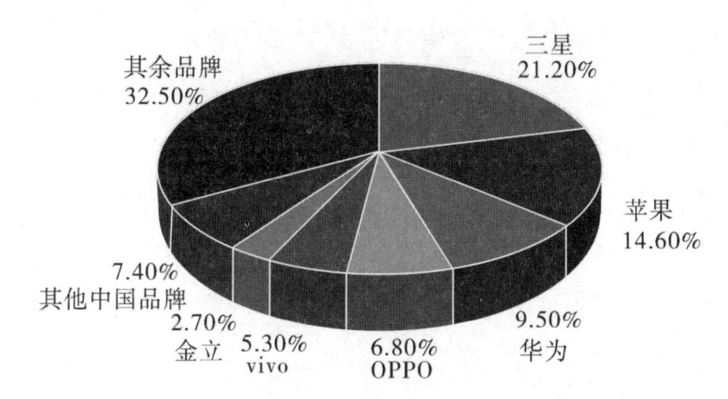

图1-4 2016年全球智能手机出货量占比

资料来源：中国产业信息网，《2017年中国5G行业发展趋势预测分析》，2017年9月25日。

不仅如此，华为、中兴通讯等中国通信设备企业的营业收入也在逐年地增长，华为在2014年2月超越竞争对手爱立信，2013财年华为以实现销售收入2390亿元人民币（约合395亿美元）的业绩成为全球最大的电信设备商。

2014年2月，爱立信发布2013年全年及第四季财报。该财报显示：爱立信2013年净销售额为2274亿瑞典克朗（约合353亿美元），与2012年持平；净利润为122亿瑞典克朗（约合18.6亿美元），同比增长105%。

在此期间，由于中国通信设备企业的赶超，世界通信设备企业的格局也在逐步变化。公开数据显示，2010—2015年全球五大设备商的营业收入都处在变化中（见图1-5）。

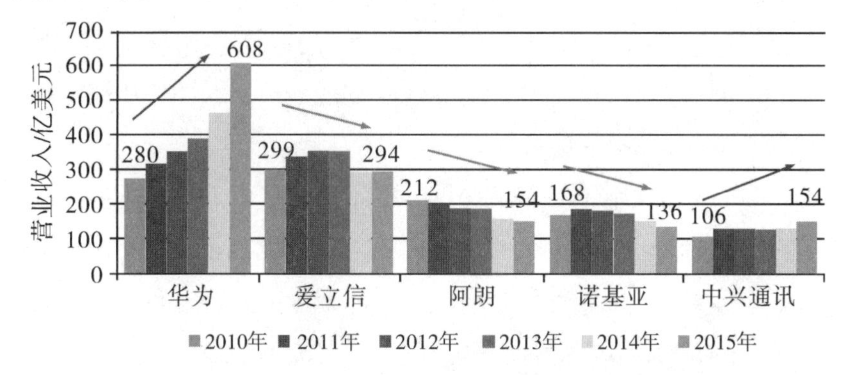

图1-5 2010—2015年全球五大设备商营业收入变化

资料来源：中国产业信息网，《2017年中国5G行业发展趋势预测分析》，2017年9月25日。

从图1-5中可以看到，来自中国的华为和中兴通讯相继进入前五强，华为甚至登顶，这为中国夺取5G这块阵地打下坚实的基础。

在现阶段，以华为为代表的中国通信设备企业，已经在收入体量上进入了全球的第一梯队。

2018年3月30日，华为正式发布2017年年报。年报显示，2017年华为实现全球销售收入6036亿元，同比增长15.7%，实现净利润475亿元，同比增长28.1%。同时，华为在2017年投入的研发费用达897亿元，同比增长17.4%，近10年其投入研发费用总计超过3940亿元。

在运营商业务领域，华为实现销售收入2978亿元，同比增长2.5%。在企业业务领域，其实现销售收入549亿元，同比增长35.1%。

在消费者业务领域，华为的“华为”与“荣耀”双品牌并驾齐驱，市场规模快速增长，华为智能手机全年发货1.53亿部，实现销售收入2372亿元，同比增长31.9%。

在云业务领域，华为新成立Cloud BU，上线14个大类99个云服务及50多个解决方案，发布EI（Enterprise Intelligence）企业智能，发展云服务伙伴超过2000家。

这样的营收数据说明，在即将到来的5G时代，华为等企业的网络设备及手机终端等将继续扩大全球市场份额，而5G也有望成为继高铁、核电后中国的“国家名片”。基于此，中国高度重视5G的专利获取及高端产业链布局。在通信领域，必须找到服务业“走出去”和“中国制造”“走出去”的结合点，拥有自己的技术和专利，这样才能不受制于人，之前发生的中兴通讯遭遇美国封杀的事件就说明了这一点。

为了抢占5G的制高点，早在2013年2月，中国就由工业和信息化部、国家发展和改革委员会、科学技术部牵头，组织中国移动、中国联通、华为、大唐电信、中兴通讯等通信龙头联合成立了IMT-2020（5G）推进组，推动5G技术产学研用链条化的研究与发展，争取在2020年实现规模化的5G商用。

与此同时，国务院在2016年11月29日印发的《“十三五”国家战略性新兴产业发展规划》中提出，把新一代信息技术产业作为五大领域的首位，大力推进第五代移动通信（5G）联合研发、试验和预商用试点（见图1-6）。

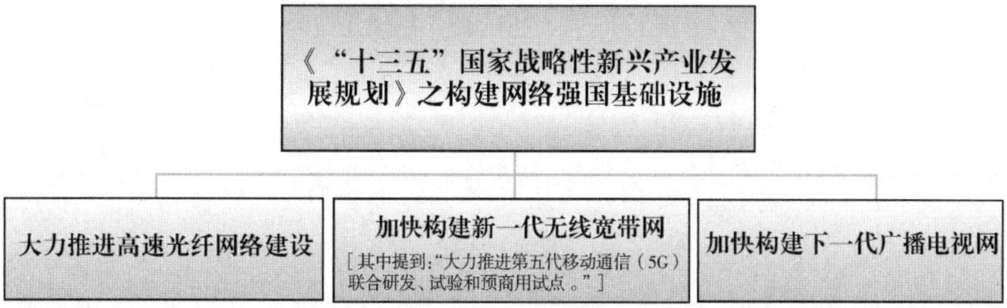

《“十三五”国家战略性新兴产业发展规划》之构建网络强国基础设施

大力推进高速光纤网络建设

加快构建新一代无线宽带网
[其中提到：“大力推进第五代移动通信（5G）联合研发、试验和预商用试点。”]

加快构建下一代广播电视网

图1-6　《“十三五”国家战略性新兴产业发展规划》中关于构建网络强国基础设施的规划

资料来源：中国产业信息网，《2017年中国5G行业发展趋势预测分析》，2017年9月25日。

为此，清华大学文科资深教授薛澜在接受新华社记者采访时说道：“战略性新兴产业的发展，是重大科技突破和新兴社会需求二者的有机结合。在经济发展新常态下，战略性新兴产业将突破传统产业发展瓶颈，为中国提供弯道超车、在国际竞争中占据有利地位的宝贵机遇。”

美国封杀中企，意在5G

2018年，当美国公众对特朗普的支持率持续下行时，出于对自己能连任等多方面因素的考虑，这个不被世界看好的美国总统，在试图证明自己与美国历届总统不一样。

在多方利益集团的怂恿下，作为美国“职业经理人”的特朗普，不得不按照“玩家”的意思，正式高调宣布，对中国挑起贸易摩擦。

在此轮阵地争夺中，中兴通讯和华为成为美国多方利益集团攻击的“001高地”和“002高地”。美国以闪电般的速度拿下“001高地”（中兴通讯）后，便急不可耐地将攻击矛头指向了华为。

《华尔街日报》报道称，美国司法部调查了华为是否违反了向伊朗禁运的有关制裁。客观地讲，中国不是美国的盟友，更不是美国的跟随者，美国单方面制裁有违公道，中国企业没有义务配合（除了合同明确约定的元器件和操作系统）。

当《华尔街日报》报道后，华为回应称，它在其运营的市场中严格遵守当地所适用的法律法规以及联合国、美国、欧盟等出台的国际出口管制法规和制裁条款。

“001高地”（中兴通讯）为什么成为“沦陷区”

2018年4月16日，美国商务部挥起大棒，高调地宣布，未来8年（2018—2025年）将禁止美国公司向中兴通讯销售零部件、商品、软件和技术。

美国商务部给出的禁售理由是，中兴通讯违反了美国限制向伊朗出售美国技术的制裁条款。当然，要想了解这一事件，我们还得从2012年开始谈起。

2012年，美国对中兴通讯向伊朗出售违禁的美国电脑技术展开针对性调查。2016年3月，美国商务部在其网站上披露了一份其获得的中兴通讯内部文件。

该文件显示，中兴通讯与多个美国出口禁令国家存在业务往来，违反了美国的出口限制政策。当调查的结果被公开后，中兴通讯与美国政府进行了长达1年的斡旋。

面对充足的证据，2017年3月，中兴通讯不得不承认违反美国制裁规定向伊朗出售美国商品和技术，并为此向美国政府共支付11.92亿美元的罚款。

按照常理，这起事件结局应该算是平缓落地了，但是，在美国多方利益集团的教唆下，加上特朗普为了自身利益的考虑，该案被重新提及。

2018年4月，美国重新宣布禁止美国公司向中兴通讯销售零部件、商品、软件和技术。禁售的理由是，根据当时的协议，中兴通讯承诺会解雇4名高级雇员，并通过减少奖金或其他处罚等方式处罚35名员工。但是，中兴通讯在3月承认，并未兑现后半部分承诺。就这样，中兴通讯再次被拖入旋涡之中。

2018年4月20日下午3点，中兴通讯在深圳总部举行新闻发布会，对外确认了其遭遇美国封杀一事。

在新闻发布会上，时任董事长殷一民介绍称，遭受美国制裁后，中兴通讯立即进入休克状态。为此，殷一民表示，中兴通讯将加大研发投入，求人不如求己，反对有关国家用单边主义破坏全球产业链，反对把贸易政治化。殷一民讲话的具体内容如下：

2018年4月16日，美国商务部以中兴通讯对涉及历史出口管制违规行为的某些员工未及时扣减奖金和未发出惩戒信，并在2016年11月30日和2017年7月20日提交给美国政府的两份函件中对此做了虚假陈述为由，做出了激活拒绝令的决定，对中兴通讯施加最严厉的制裁措施。

这样的制裁将使公司立即进入休克状态；将直接影响公司8万名员工的工作状况，直接损害8万个家庭的利益；将对公司为全球数百个运营商客户，以及包括数千万名美国消费者在内的、数以亿计的终端消费者用户履行长期服务责任带来直接影响；将对公司遍布全球的30万名股东的利益造成重大损害；将对公司对数以千计的、包括美国企业在内的合作伙伴和供应商履行责任和义务带来直接伤害。

我坚决反对美国商务部做出这样的决定，坚决反对不公平、不合理的处罚，更反对把贸易问题政治化。美方将细微的问题无限扩大化，对公司造成极大影响。对此公司高度关注，公司将通过一切法律允许的手段来解决问题。中兴通讯作为在中国成长起来的全球化企业，我们将担当起中国企业应有的责任，更加发奋自强，我们身后有强大的祖国和13亿人民，这给予我们克服各种困难的信心和决心。

公司董事会、管理层和全体员工将团结一致、恪尽职守，采取各种措施，尽最大努力维护员工和股东的利益，履行对客户和合作伙伴的责任。

同时我们也在认真反思，还要加大研发投入，求人不如求己。中国经济持续健康地发展，国内有巨大的市场，所以我们有能力、有信心应对挑战。中兴通讯作为一家全球化企业，反对有关国家用单边主义破坏全球产业链。中兴通讯的产品在国内是有市场的，有13亿人民的支持，我们有能力、有决心渡过难关。

我们绝不放弃！中兴通讯的旗帜将永远飘扬！

当中兴通讯被美国封杀时，有学者为此撰文，认为禁运芯片不是孤立事件，而是中美贸易摩擦的一个缩影。“中兴事件”在一定程度上将对当前全球和中国的运营商网络建设带来一定影响，并有可能影响未来5G网络的推进进度。

这样的观点还是较为中肯的，因为美国封杀中兴通讯，打压华为，就是惧怕中国科技的崛起。就在中兴通讯被美国封杀的前几日，美国《华尔街日报》曾独家报道，中国试图通过风险投资染指硅谷，进而控制美国的科技核心。1992—2012年，来自中国资本的影响力非常弱小，但是从2014年开始，中国资本的影响力正在日渐凸显。

当中国资本出现在美国硅谷时，美国政府对此非常警惕，于是研究如何就中国对美国云计算和其他高科技服务提供商的限制进行报复。基于这样的判断，“中兴事件”绝不是偶然事件，也不会是最后一个此类事件。

在美国政府看来，硅谷一直被美国视为美国乃至全世界科技发展的风向标，美国牢牢地掌握着资金的控制权。

20世纪90年代初期，97%的硅谷公司都是由美国风投资金控制的。2000年，由于网络科技泡沫破裂，欧洲资本开始介入。

2017年的数据显示，欧洲资本只占7.1%，日本资本占据12%，中国风投资金在硅谷的渗透率已经达到24%，美国资本则从最初的97%下降到44%。

面对这样的变化，摩根士丹利等相关专家在接受媒体采访时说出了美国担心的事：“中国资本对美国科技的渗透让美国担忧的原因是，不同于欧洲，中国资本不仅仅是赚钱那么简单，因为中国的很多企业都有战略目的，影响是整个国家层面的，而不仅仅是某个特定行业。”

《华尔街日报》报道称，中国资本除了通过资金控制美国科技企业外，还在大力地发展新型科技，比如AI（人工智能）。在这方面尽管美国的资本投入总额高于中国，中国最近几年的增速还是让美国感到恐惧（见图1-7）。

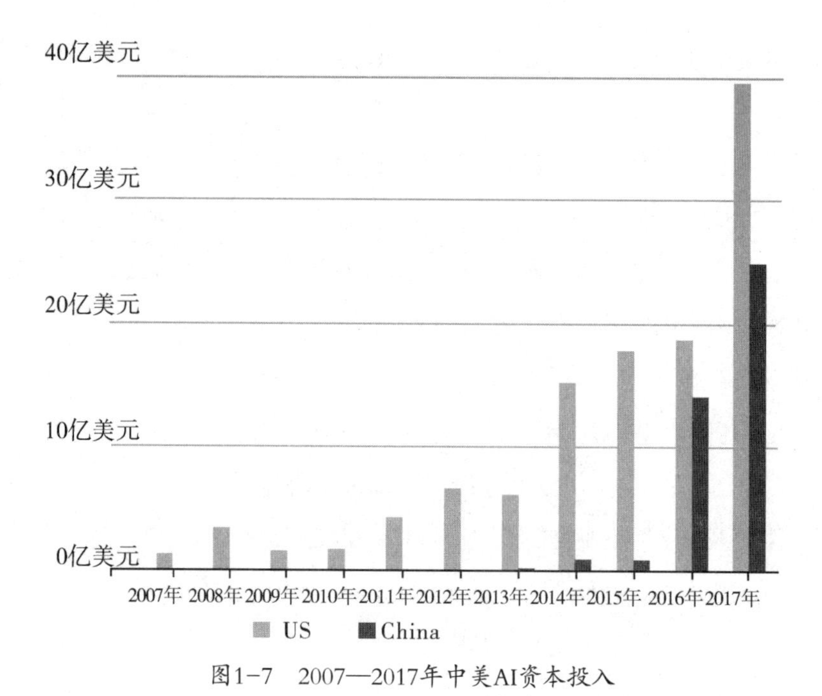

图1-7　2007—2017年中美AI资本投入

资料来源：Wind资讯，《美国“封杀”中兴，想给中国科技崛起“使绊子”》，2018年4月17日。

“中兴事件”后，华为会遭遇更多的“围剿”风险

当美国拿下“001高地”（中兴通讯）后，新一轮的进攻也开始了。2017年12月20日，美国18名国会议员联名写给美国联邦通信委员会主席艾吉特·帕伊的邮件出现在公众视野中，该邮件的主要内容是，要求联邦通信委员会对华为与美国运营商的合作展开调查。

公开数据显示，美国多方利益集团进攻华为已经是公开的秘密。华为与美国企业的多次正常交易由于受到美国政府的阻挠，不得不放弃。

例如，2008—2010年，华为试图收购美国设备提供商3Com，竞标美国电信商Sprint的项目，收购美国旧金山湾区技术开发商3Leaf的专利技术，美国政府相关部门都以“国家安全”为由进行干预，直接让华为出局。《世界第一：任正非和华为帝国》一书中就介绍过这个问题。

2011—2016年，为了阻止华为进入美国市场，美国多次传唤华为负责人，调查华为，并要求政府相关部门不得私自购买华为的信息技术系统。

当并购3Com无望后，华为试图通过在美国销售智能手机拓展美国市场。然而，同样是来自美国政府的压力，让华为又一次的努力无疾而终。

2018年初，美国运营商AT&T和Verizon在美国政府的干预下，不得不放弃销售华为最新智能手机。随后，百思买也停止销售华为手机、笔记本电脑和智能手表等产品。

……

美国一次又一次地阻击华为，使得华为不得不放弃美国市场。在此之前，华为消费者业务CEO余承东对进入美国市场可谓是踌躇满志，自信满满。然而，2018年初美国政府通过干预，叫停AT&T与华为的合作，虽然华为仍想拓展美国市场，但是却久攻不下。

2018年4月17日，华为副董事长徐直军在回答记者的问题时坦言："有些事情是不以我们的意志为转移的，与其为难，还不如不去理它。这样我们会有更多的精力和时间来服务好我们的客户，有更多的时间和精力来打造更好的产品，去满足我们客户的需求。有些事情，放下了，反而轻松。"

这样的回答，让中国企业，尤其是中国的巨型企业伤感。面对强大的美国，中国企业也只能如此。

美国阻击华为，更多是"项庄舞剑，意在5G"

可能读者会问，美国为什么一再阻击华为呢？答案就是"项庄舞剑，意在5G"。电信分析师梁振鹏在接受《国际金融报》的记者采访时回答道："美国此举是想打击中国的5G发展。"

在梁振鹏看来，做出这样的判断，其根源是美国无线通信和互联网协会发布的一份报告。在该报告中指出，5G技术的全球竞争非常激烈，在诸多"玩家"中，中国"玩家"正在走向胜利。

据了解，该报告是由电信咨询公司Analysys Mason和Recon Analytics撰写的。数据显示，在推出下一代超高速无线技术方面，中国的准备最为充分，韩国位居第二，美国仅位居第三。这组数据已经说明，中国在5G的赶超上，已经足以挑战美国的霸主地位。所以，美国才有针对性地进攻中国的华为和中兴通讯。

该报告分析说，在5G的竞争中，中国目前处于领先地位，另外，中国政府计划到2020年实现5G的规模商用，中国的顶级运营商都承诺将按照这一时间表推进进程。

这让美国的很多跨国企业深感不安，中国已经开始领跑全球5G市场，华为、中兴通讯也就成为这些美国跨国公司的眼中钉和肉中刺。因为中兴通讯和华为这两家中国企业在一定程度上代表了中国5G科技发展的水平。在这里，我们可以来看看华为官网的介绍（见图1-8）。

公司简介 | 公司治理 | 可持续发展 | 网络安全 | 管理层信息 | 债券投资者关系 | 出版物

公司简介

华为是谁？

华为是全球领先的ICT（信息与通信）基础设施和智能终端提供商，致力于把数字世界带入每个人、每个家庭、每个组织，构建万物互联的智能世界。我们在通信网络、IT、智能终端和云服务等领域为客户提供有竞争力、安全可信赖的产品、解决方案与服务，与生态伙伴开放合作，持续为客户创造价值，释放个人潜能，丰富家庭生活，激发组织创新。华为坚持围绕客户需求持续创新，加大基础研究投入，厚积薄发，推动世界进步。华为成立于1987年，是一家由员工持有全部股份的民营企业，目前有18万员工，业务遍及170多个国家和地区。

我们为世界带来了什么？

为客户创造价值。华为和运营商一起，在全球建设了1,500多张网络，帮助世界超过三分之一的人口实现联接。华为携手合作伙伴，为政府及公共事业机构，金融、能源、交通、制造等企业客户，提供开放、灵活、安全的端管云协同ICT基础设施平台，推动行业数字化转型；为云服务客户提供稳定可靠、安全可信和可持续演进的云服务。华为智能终端和智能手机，正在帮助人们享受高品质的数字工作、生活和娱乐体验。

推动产业良性发展。华为主张开放、合作、共赢，与客户合作伙伴及友商合作创新、扩大产业价值，形成健康良性的产业生态系统。华为加入360多个标准组织、产业联盟和开源社区，积极参与和支持主流标准的制定、构建共赢的生态圈。我们面向云计算、NFV/SDN、5G等新兴热点领域，与产业伙伴分工协作，推动产业持续良性发展。

促进经济增长。华为不仅为所在国家带来直接的税收贡献，促进当地就业，形成产业链带动效应，更重要的是通过创新的ICT解决方案

图1-8　华为官网截图

资料来源：华为官网，2018年6月15日。

据华为官网介绍，在无线领域，华为发布了5G端到端解决方案，包括无线、传输、核心网、终端在内的商用产品，与运营商及主流终端芯片厂商完成IODT测试，协助全球多个运营商在多个核心城市完成5G预商用部署。在LTE（Long Term Evolution）领域持续演进，打造基于体验的全业务基础网络，推动WTTx、NB-IoT、车联网等业务持续发展。在新兴市场，RuralStar、TubeStar等解决方案优化站点TCO（Total Cost of Ownership），提升客户的投资效率。面向行业数字化新机会，华为无线聚焦公共安全、电力、交通等市场，与合作伙伴一起提供创新的解决方案。华为打造了未来无线网络的三大基础能力：SingleRAN Pro、移动网络全云化和无线智能（见图1-9），帮助运营商构建一张多业务融合网络。SingleRAN Pro提供“1+1”的极简的目标网，满足多业务发展的容量、覆盖和时延要求；移动网络全云化构建敏捷灵活的网络架构，提升多业务连接效率；无线智能运用人工智能技术构建智能化的网络管理能力，实现高效的网络运维和多业务体验优化。华为无线的移动联合创新中心、科技城市、无线应用场景实验室三驾创新马车齐头并进，与运营商、合作伙伴在解决方案、商业领域联合进行研究和探索。

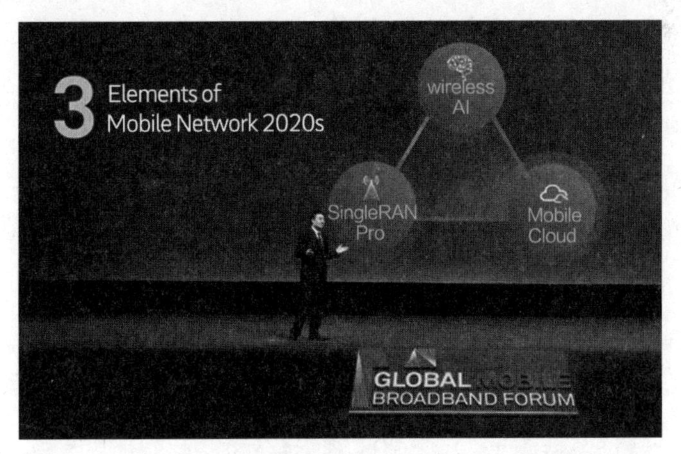

图1-9　华为未来无线网络的三大基础能力

资料来源：华为官网，2018年6月15日。

在网络领域，华为也发力5G。华为发布了智简网络，提出以商业为驱动、用户为中心的网络转型架构，包括了“智慧、极简、超宽、安全、开放”五大特征，助力全球运营商及企业用户进行数字化转型。通过引入云化、大数据和AI技术，智简网络推出创新的Network Cloud Engine框架，包括Intent Engine、Automation Engine、Analytics Engine和Intelligence Engine四大引擎， 帮助运营商实现基于商业意图驱动的网络自动化和智能化。发布5G Ready的X-Haul移动承载解决方案，推出50GE/100GE自适应分片路由器、支持5G承载的5G微波解决方案，打造大容量、多业务、低时延、可现网演进的端到端5G承载网络；发布千万级用户的云化vBRAS解决方案；发布4T路由器线卡，并完成路由器单端口400GE商用测试；光传送发布1T OTN集群方案；升级数据中心网络CloudFabric解决方案；推出智能分析平台FabricInsight；面向园区发布新一代CloudCampus解决方案，实现Wi-Fi及IoT融合接入云管理园区网络；发布广域网络SD-WAN解决方案。

5G技术不仅具有巨大的潜在商业价值，还被媒体视为新经济的血液，5G可以赋能无人驾驶、虚拟现实、智慧城市和网络机器人等新科技。此外，5G技术还可以积极促进医疗、通信、安全运输等各行业的战略转型。

美国无线通信和互联网协会在题为《全球5G竞赛》的报告中详实地分析了5G的市场前景，美国在5G方面计划投入2750亿美元，将为美国创造300万个就业岗位，实现经济创收5000亿美元。

美国咨询公司Recon Analytics的报告分析道，由于美国在2G、3G方面曾经落后于欧盟和日本，其经济损失不可估量，面对5G技术，美国要想追赶就显得非常紧迫且至关重要。美国赢得了4G竞争，为本国的无线产业做出了巨大贡献——提供超过470万个工作岗位，每年为经济增长贡献4750亿美元。倘若在5G竞争中失去优势，就可能对美国无线产业和经济产生巨大的负面影响。这才是特朗普政府反对博通收购高通、阻挠华为手机在美销售、禁止向中兴通讯出口产品背后的主要原因。

这样的判断，来源于欧盟失去通信技术的领先地位后，其经济和综合实力遭受巨大损失的现实。欧盟委员会新闻发言人坦言：“2008年，欧盟的手机产业占据全球80%的市场份额。但由于我们错失4G方面的机会，欧盟几乎失去了全部的手机市场份额。”

在错失了4G方面的机会后，欧盟目前还不是全球5G大赛的第一梯队。在中国、韩国、美国和日本的5G大赛中，中国占据领先地位（见图1-10）。

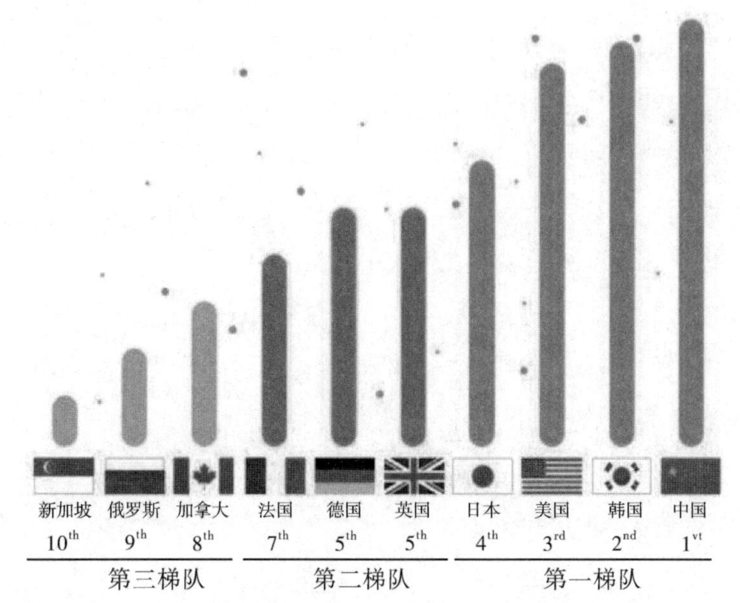

图1-10　中、韩、美、日的5G发展进程

资料来源：Wind资讯，《美国“封杀”中兴，想给中国科技崛起“使绊子”》，2018年4月17日。

由于美国拥有高通等重要的技术、硬件提供商，其无线产业处于全球领先地位，对发展5G拥有得天独厚的优势。所以，美国商务部对中兴通讯施加出口权限禁止令，无疑会影响中国通信设备等方面的正常生产与销售，同时会对当前全球的运营商网络建设带来一定影响，甚至还有可能影响中国未来5G的推进。

这也是美国竭尽全力阻击华为的原因。在《任正非谈华为创新管理》一书中就有所介绍，华为的5G创新开始于2009年，从5G标准的制定到5G通话的实现，华为的5G技术已经走在世界前列。

在2018年4月华为全球分析师大会上，华为副董事长徐直军表示，华为会继续全力投资5G，在2018年下半年就能提供端到端的5G解决方案，同时在2019年第三季度会推出支持5G的手机。

面对中国企业的“超英赶美”，美国政府着手开始实施自己的贸易保护政策，以国家安全为由，否定了博通对高通总价为1600亿美元的收购方案。

美国有线电视新闻网报道称，美国政府之所以阻止这项收购案，是担忧高通被收购后，美国5G的发展会落后于中国。更深层次的原因是，高通是全球3G、4G的领军者，并正在发展5G，美国自然期望高通能够独步天下，让美国多方利益集团的利益实现最大化。

2017年12月18日，美国总统特朗普在白宫发表美国新的《国家安全战略报告》中强调，美国已经将5G部署作为优先事项，不仅改善美国国内基础设施，同时也将5G视为可以促进经济发展的关键因素。

特朗普特别指出，为了支持美国未来的经济增长，美国政府将“带宽的改善、更好的宽带连接和免受持续性网络攻击”列为必要条件。不仅如此，特朗普还强调，部署全美范围的“5G安全互联网能力”将有助于提高国家竞争力，改善环境，提高生活质量。

美国无线通信和互联网协会首席执行官梅雷迪思·阿特维尔·贝克听完特朗普的报告后，在一份声明中热情洋溢地宣称，美国无线通信和互联网协会非常高兴美国政府认识到5G服务的重要性。他说道：“我们被锁定在与中国和俄罗斯等国家的竞赛中率先部署5G。为了赢得这场竞赛，我们需要政府为工业提供更多的便利，并且使无线基础设施部署的规则更加现代化。”

中国5G已经跻身全球第一阵营

在世界通信史上，相对于2G、3G提高了网络的速度，4G改变了人们的生活方式，有研究者断言，5G将极大地改变人类的社会文明。

这预示着5G巨大的商业价值将被发掘出来，一场数十万亿元级的5G盛宴即将登场。尽管5G真正要爆发还需时日，但是在产业链的各个环节上，围绕5G展开的商业开发已经箭在弦上。

5G开启万物互联的全新时代

2017年11月23—26日，在中国移动全球合作伙伴大会上，与5G相关的技术、产品蓄势待发，而这一切才刚刚开始。

在这场5G竞争中，无论是标准之间的势力较量，还是频谱资源的争夺，抑或是基站、射频甚至是中游网络建设、芯片调试及终端形态的竞争，其布局并不局限于5G，这场全产业盛宴中的各个分食者自然不愿错过。

中国移动研究院无线与终端技术研究所所长丁海煜在接受媒体采访时坦言："5G是一个全新的通信技术，该通信技术在未来将与人工智能、大数据紧密结合，开启一个万物互联的全新时代。"

对于这样的变化，爱立信东北亚区首席市场官张至伟认为："5G将会带来一场新的技术革命，而在目前大家关注的焦点中，场景的应用是关键点之一。比如，在牛身上加装的传感器能为牧场带来额外收入；出租车智能调度系统也将大幅提升出租车的工作效率。"

因为5G将改变社会，所以市场调研机构IHS发布的报告把5G与印刷机、互联网、电力、蒸汽机、电报做类比，以此认为5G可以重新定义工作流程，并重塑经济竞争优势规则。该技术对人类社会的生产活动会产生极为深远、广泛的影响。

根据IHS发布的报告预测，2035年，5G将在全球创造12.3万亿美元的经济产出，与所有美国消费者在2016年的全部支出大致相当。届时全球5G价值链将创造3.5万亿美元的产出，创造2200万个工作岗位，分布在各行各业中。其中，中国将获得950万个工作岗位，位居全球之首，远超美国的340万个工作岗位。

2020年，5G商用元年

面对即将到来的5G盛宴，运营商、芯片商、终端产品制造商等企业都在拼命地“踩油门”，加大研发和参与力度，其热情异常高涨。

按照国际标准化组织3GPP的时间表，2018年第二季度已完成3GPPR16（完整业务）5G标准的制定。当然，为了抢食这块巨大的蛋糕，在标准落地前，全球运营商们早已疯狂地开始自己的5G商用布局。

根据目前公开的数据分析，美国多家移动运营商正在积极地争取5G网络的运营牌照，日本三大运营商也在积极地布局——宣布5G项目投资总额将达到5万亿日元（约合人民币3000亿元），同时从2020年开始为用户提供5G服务。

对中国移动、中国联通和中国电信而言，5G的商用准备工作早已开始。以中国移动为例，在高通和中兴通讯的支持下，中国移动早已成功实现全球首个基于3GPP标准的端到端5G新空口系统的互通。

这样的提前布局，无疑是在积极地储备5G技术的进攻态势，运营商的积极参与，加快了5G网络的部署速度，在2019年，5G智能手机可能因此而提前上市。

作为终端芯片领域的霸主，高通也不甘落后，面对媒体的采访，高通发言人表示，5G终端产品在2018年推出，2019年全面商用。作为智能手机最重要市场的中国，将是高通最为看重的。高通发言人说道："高通目前的骁龙X505G调制解调器芯片组已成功实现了千兆级速率以及在28GHz毫米波频段上的数据连接。"

对于高通的"激进"态势，有些学者表示赞同，随着5G商用时间点的临近，这无疑能加快5G产业链的发展速度。

爱立信东北亚区首席市场官张至伟把2020年誉为5G商用元年，这意味运营商、芯片商、终端产品制造商等企业需要提前为商用磨合做好各种准备。张至伟说道："大局到2018年中基本会敲定，所以对于产业链来说，5G的时间点已步步临近。"

当高通高调地发布进攻命令后，英特尔也不甘示弱地宣布，英特尔已成功实现了基于5G调制解调器的完整端到端5G连接。在2019年中期，英特尔将联合手机企业推出5G手机。

在5G这场盛宴中，除了芯片商之外，网络升级的较量也在如火如荼地进行中。在5G尚未到来时，中兴通讯、华为、爱立信、诺基亚早已推出了Pre5G等过渡解决方案，并已将部分5G技术提前地运用在运营商的4G网络上。

设备商这样做的好处是，既增强了运营商的网络性能，提前实现部分的5G网络能力，同时也能让运营商在5G商用开启时，更有效地实现网络过渡。

这样的布局得到中国5G推进组副主席、中国移动技术部总经理王晓云的证实。据王晓云介绍，截至2017年11月27日，中国已在北京市怀柔区建设了全球最大的5G试验网，其中参与的六家设备商是华为、中兴通讯、大唐、爱立信、诺基亚、三星。在这个试验区域，共建有30个外场（5G）基站。

在此次测试中，中国设备商测试的5G峰值速率高达10~20G，在高频时甚至可以达到21G，空口时延小于1毫秒，每平方公里连接则可以达到150万。

为了更好地抢占先机，中国技术研发推进将会与国际5G标准的制定同步进行。按照计划，2019年上半年，中国将完成5G技术研发试验阶段，进入产品研发试验阶段。在牌照的发放方面，可能根据产品研发试验阶段的成果而定，按照惯例，5G的投资组网和商用会在2020年初左右，也就是说，2020年将是中国的5G商用元年。

竞合与零和博弈

移动通信自从20世纪80年代诞生以来，差不多每隔10年都有一代技术革新。从1G到4G，经历了从模拟到数字、语音到数据的演进，网络速率实现万倍增长。

当我们回顾通信技术的历史时会发现，从无线电通信发明的那天开始，该技术就诞生了。然而，改变世界的现代移动通信技术，其发展却始于20世

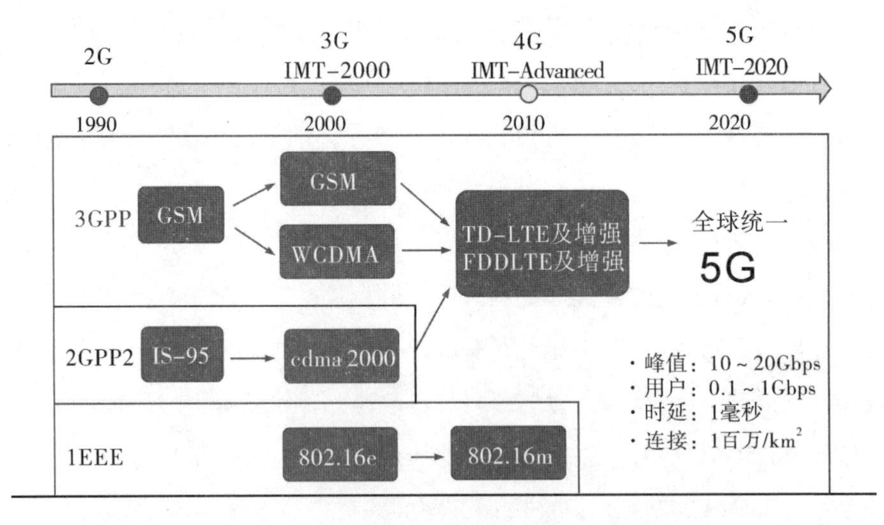

图1-11　移动通信技术第五阶段的发展历程

资料来源：电子发烧友网，《分三步走，国内5G用户将达到亿级》，2017年7月5日。

纪20年代，这近100年的发展，大致经历了五个发展阶段。

移动通信技术的第五阶段从20世纪80年代中期开始。该阶段是数码移动通信系统的发展和成熟时期。基于此，我们把该阶段再细分为2G、3G、4G、5G等阶段。

通过图1-11可以看到，在移动通信领域，每隔10年就会出现新一代通信技术。不断加入的创新技术，较快地推动了通信技术的整体性能的提升。

在5G之前，中国一直都是以追赶者的角色匆忙补课，3G比海外商用晚了8年左右，4G晚了3年左右。在即将到来的5G时代，规模商用的潜力巨大，早已成为全球业界的研发重点。在此轮5G的竞争中，移动通信网络的变革大幕已经徐徐开启，中国这次已经储备了足够的技术，与竞争对手势均力敌的中国参与国际竞争的势头已经不可抵挡。

随着中国的参与，中国企业与外资企业之间的战火已经开始燃烧。在捷克布拉格举行的3GPPRAN190会议（5G标准的制定会议）上，就举行了RAN1主席投票选举。

经过两轮不记名投票后，就职于高通公司的陈万士当选为新一届RAN1主席。在当时，争夺上述职位的除了陈万士，还有就职于中国华为的布瑞恩·克拉森。

有趣的是，就职于高通的陈万士是中国人，就职于华为的布瑞恩·克拉森却是外国人。基于此，这样的竞争被誉为“本次3GPPRAN1主席选举，候选人分别是国外公司的中国人、中国公司的外国人，这意味着在5G技术基础研究和标准制定领域，中国人、中国公司已经成为第一流的贡献者”。

从这个角度来看，5G给了中国在移动通信领域赶超的历史机遇。不可否认的是，中国企业参与竞争的目的还是商业利益。由于5G不再是“有你无我”的零和博弈游戏，在巨大的利益面前，竞争对手也会变成合作伙伴。

以英特尔为例，此前英特尔就与中兴通讯合作，共同发布了一款面向

5G的IT基带产品。诺基亚也宣称将采用英特尔的5G调制解调器，主要应用在5G FIRST的初期部署中，从而为使用固定无线接入网的家庭提供超宽频带，以替代当前的光纤。

一旦能够成功替代光纤，无疑是颠覆了传统的连接介质。爱立信高级副总裁兼首席市场官诺尔曼介绍道："5G和物联网蕴藏着巨大的商业潜力。通过解决关键行业领域的5G连接问题，运营商就有望在2026年增加36%的营收。"

在诺尔曼看来，爱立信将持续专注5G和物联网的研发，推进标准化的进程，5G正在带动全产业链的联动，更多的合作案例正在发生。当然，在5G这条全产业链上，其布局的点非常多，英特尔数据中心事业部副总裁兼5G网络基础设施部门总经理林怡颜介绍道："5G的布局不仅仅在终端，它是从云端到终端，并且横跨各个垂直应用领域的一整套端到端系统。"

5G战略布局

尽管4G仍在规模商用中，为了能够在全球竞争中占据一席之地，诸多的国家和企业都将研发重点投向面向未来商用的5G。

面对新一轮移动通信技术的到来及其潜在的蓝海市场，一些国家及相关企业纷纷巨额投入研发5G相关技术，旨在争夺5G发展的主导权，于新一轮的国际竞争中脱颖而出。不仅如此，世界三大主流标准化组织国际电信联盟、第三代合作伙伴计划、电气和电子工程师协会先后启动了面向5G的概念及技术研究工作，为加速推动5G标准化落地做好准备。

曾经占有技术优势的发达国家不甘落后，积极地进行5G战略布局。欧盟加大5G研发的力度，其依托第七框架计划，启动了5G-PPP等多个重大项目，研发经费已经超过14亿欧元。

英国凭借萨里大学在信息通信领域的权威优势，由此创建了5G创新中心，积极布局5G。

韩国相应地成立了5G Forum，设立GIGA Korea重大科研项目，同时还于2014年6月与欧盟签署了5G战略合作协议，共同推进高频段等5G技术的研发工作。

日本依托标准化组织ARIB，组建了5G特设工作组2020 & Beyond Ad Hoc，积极地推动日本5G技术的研究和标准化建设。

2013年2月，中国先于其他国家成立了IMT-2020（5G）推进组，大刀阔斧地推进5G研发工作。

在国家如火如荼地进行5G建设时，一些主流通信企业也在积极地推进5G的研发工作，争夺5G技术的制高点。

2017年9月28日，作为唯一全部完成由IMT-2020（5G）推进组组织的中国5G技术研发试验第二阶段测试内容的企业华为，高调地在2017年中国国际信息通信展览会上展示了5G的测试成绩。

在完成程度和结果上，华为暂时处于领先地位。基于此，华为在推动5G技术研发和全球统一国际标准形成的进程上，以及为其在中国5G技术研发试验第二阶段测试上，交出了一份满意的答卷。这也是欧盟颁发给华为5G 产品欧盟无线设备指令型式认证证书的原因。

在5G战略布局中，爱立信、诺基亚、西门子等欧洲企业也相继发布5G白皮书，试图向外界表明它们对5G需求及概念的理解，并开展5G关键技术演示。

2015年，日本NTT DoCoMo公司联手爱立信、三星、NEC等6家国外设备制造企业积极地进行相关的5G技术验证实验。

此外，由上述企业组成的国际论坛联盟，就下一代移动通信网、世界无线技术研究等多次组织5G研讨会，积极探索5G的发展机会。上述5G研发组织机构（或重大项目）与通信企业之间的关系相对较为紧密（见图1-12）。

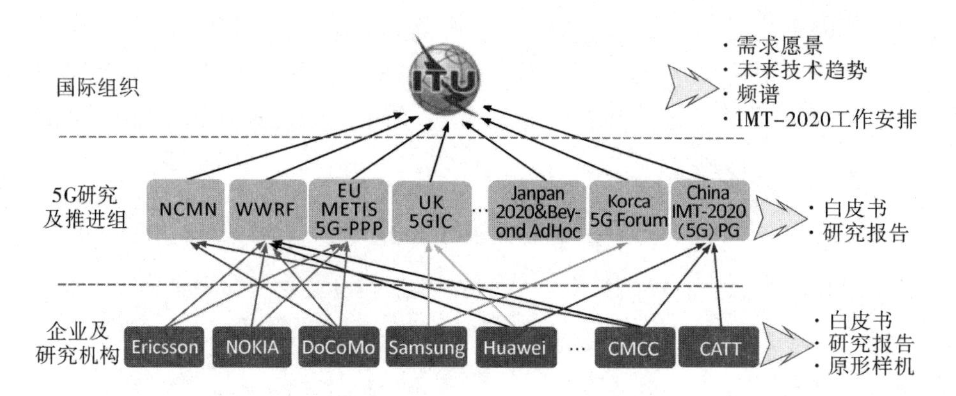

图1-12　全球5G研发的相关组织

资料来源：中国无线电管理网，《全球5G研发总体情况——10分钟读懂5G》，2018年6月15日。

第二章

竞争与竞合：5G 的标准之争

当我们回顾通信历史时会发现，有学者把2016年视为5G标准元年。与3G时代、4G时代的多个标准并存有很大区别的是，5G时代可能实现拥有一个全球统一的通信技术标准。

由于中国通信企业的强势崛起，以及中国拥有海量的用户和巨大的市场潜力，中国在5G时代拥有较强的话语权。

为了加速5G的发展，国际社会已经达成战略共识，有多个国家甚至还公开了自己的商用时间表。2016年5月31日至6月1日，中国IMT－2020（5G）推进组联合欧盟5G PPP、韩国5G论坛、日本5GMF和美国5G Americas共同主办首届全球5G大会，其目的就是制定5G的全球统一标准。

中国工信部部长苗圩在首届全球5G大会上提议，在ITU和3GPP等国际标准组织框架下积极推进形成5G的全球统一标准。这为中国5G标准可能成为全球统一标准打下坚实的基础。

中国5G标准可能成为全球统一标准

对于任何一个技术或者市场、产业的形成来说，其基础都是标准的制定。为此，尽快地打造出一个全球统一的5G标准势在必行。

中国工信部IMT-2020（5G）推进组专家罗振东介绍道："无论国内还是国外，主流企业都有共同的心声，希望在5G阶段做一个全球统一的5G标准，这在以往都没有实现……希望我们共同去制定这个标准，因为这个技术无论是谁的，都要服务于整个产业，服务于每一个用户。"

不可否认，要完善5G的技术，国际化的标准和国际化的频谱分配至关重要。英特尔院士兼无线技术与标准首席技术专家吴耕坦言："各个国家和厂商在这件事情上是有相当的共识的，这是非常好的共赢出发点。"

5G全球统一标准的趋势

5G网络不仅可以大幅提升用户的上网速度，而且在数据传输中呈现出明显的低时延、高可靠、低功耗的特点。

为了使5G技术尽快地落地，早在2015年，ITU确定了全球5G发展的目标，其标准研究进程也随之加快。其后，5G标准的商讨进入实质性阶段，甚至有可能实现全球统一标准。

在首届全球5G大会上，时任IMT-2020（5G）推进组组长、中国信息通信研究院院长的曹淑敏表示，制定全球统一的5G标准已经成为全球各界的共识，推进组将与国际产业力量密切合作，在ITU和3GPP的框架下，同步开展面向移动互联网和物联网应用的全球统一5G技术标准研究。

基于此，5G的标准正在由ITU和3GPP编写。

据了解，这两个组织共同努力地制定5G发展的时间表，到2020年将完成标准的制定工作，其步骤有如下几个（见图2-1）。

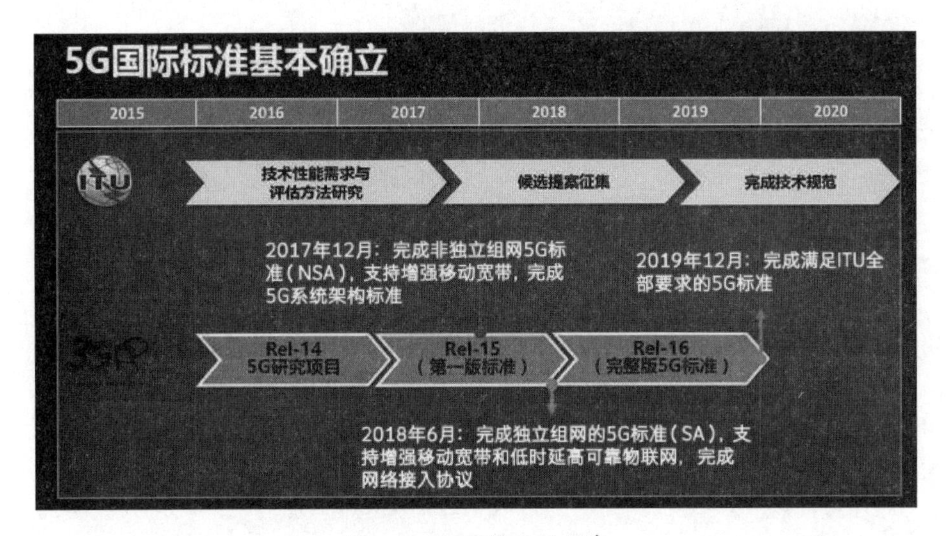

图2-1　5G发展的时间表

资料来源：万物云联网，《重磅：为什么中国和美国要在5G上展开争夺？》，2018年4月1日。

根据5G发展的时间表，3GPP在2017年底完成了一套5G标准的制定。

基于此，各个国家和地区间的合作也在有条不紊地进行，中国、欧盟、美国、日本、韩国的5G推进组织在2015年签订合作备忘录，确定每半年召开一次全球5G峰会。2016年5月31日，在北京召开的首届全球5G大会正是基于之前的合作。此外，中国、欧盟、美国、日本、韩国的5G推进组织的双边、多边合作也在有序地推进中。

5G的全球合作的基础是构建全球统一的5G标准。在首届全球5G大会上，日本5GMF秘书长Kohei Satoh表示，全球统一频段是非常重要的，也是推动5G发展最高效的一种方式。对此，日本希望进一步地加强与全球其他5G推进组织的相关合作。

在首届全球5G大会上，韩国5G论坛执委会主席Youngnam Han认为，韩国与中国、欧盟正在开展一些联合研究的项目。

依照日本的5G战略规划，为了把5G技术运用到2020年东京奥运会上，日本会尽力在2020年前推出5G商用无线网络。

依照中国的5G战略规划，5G网络将率先落地北京和张家口两地，因为它们是2022年冬奥会的举办地。为此，中国信通院云计算与大数据研究所主任魏凯在接受《21世纪经济报道》的记者采访时坦言："由于大型赛事的全球关注度很高，媒体曝光度高，新技术的应用可以引发更多关注，热点事件本身对新技术也是一个检验。此外，新技术的初期试用需要大量投资，大型赛事正好有投资的预算，因而多国选择在奥运时期进行5G的试用。"

5G标准和开发的延续性

由于5G标准和开发有一个相当的延续性特点，在往后的10年，甚至20年时间里，5G都可能会成为一个新产业的爆发点，这就要求制定一个符合多方利益的全球标准。

为此，中国移动研究院无线与终端所总工程师刘光毅分析道："只有全球统一的标准才能使全球发展的规模达到最大化，也才能使整个产业链上下游受益于这种规模，降低研发的成本，最终降低设备的成本，让老百姓可以用得起网络。"

在刘光毅看来，全球统一的标准可以使用户受益，以短信和微信为例，它们代表了不同通信技术时代的"杀手级"应用，其商业价值同样巨大。因此，5G时代无疑会给各个行业带来深刻变革，无疑也将催生相应的"杀手级"应用。

英特尔院士兼无线技术与标准首席技术专家吴耕坦率地说："这是一个非常艰巨的问题。每一代做新一代通信的标准，总是追求'杀手级'应用，什么是'杀手级'应用？我们就没对过。5G真正的'杀手级'应用是它变成‘杀手’之后才会知道……我们仍然要有‘杀手级’应用的讨论，因为这是我们的起点，这实际上是来推动我们对下一代平台的基本需求的预测。”

中国移动政企客户部交通行业解决方案部项目经理曾锋乐观地判断：“无人驾驶将成为‘杀手级’应用……目前车和车之间没法交互，是‘哑’的阶段。5G增加了交互的手段，不仅有位置共享，更有类似逆向超车、车队协同等新的应用场景。这些应用场景的要求非常高，目前来看只有5G能够满足。”

低频还是高频

在首届全球5G大会上，根据5G Americas主席克里斯·皮尔逊介绍，各个国家都会面临是选择高频还是低频的难题。

克里斯·皮尔逊强调，要让5G落地，就必须解决选择低频还是高频、确定移动宽带与物联网应用的标准工作优先级这两个较为关键的问题。

以6GHz为分界，高频具有超高传输速率的优势，但是其覆盖面通常较小；低频虽然可以满足大多数用户的需求，但是频谱资源有限。

面对这个抉择，曹淑敏介绍，中国的5G研发试验将率先部署低频段，确定以此频段进行频谱的试验，最终全面部署5G。

5G PPP主席沃纳·莫尔也持类似的看法，他表示，欧洲的5G布局也会选择6GHz以下。

日本5GMF秘书长Kohei Satoh则持不同观点，他认为，5GMF部分成员倾向于加强型的移动宽带。理由是，加强型的移动宽带拥有更高的带宽，因而6GHz以上的频谱对于5G而言的确十分重要。

中国IMT-2020（5G）推进组副主席王晓云坚持认为应先部署低频段，王晓云解释说，6GHz以下的频谱可以用在一些无缝的、广泛的覆盖领域，或者是大规模连接这些场景当中。

基于此，王晓云建议，C波段可以作为6GHz以下的核心频段，目前中国也已经批准了3.5GHz的频谱，且开始测试。

王晓云也介绍了自己对6GHz以上的频谱的看法。王晓云认为，高频研究亦十分重要。理由是，高带宽可以用于提供一些高容量的服务。倘若全球都有一个共同频段，那各国之间的漫游就很容易实现。

5G的另一个问题是应用上的难以兼容。为此，国际电信联盟5G愿景提出三类应用场景：一是增强移动宽带；二是广泛的机器通信；三是超高可靠的低时延通信。

5GPPP主席沃纳·莫尔表示，要同时达到这三个标准还是非常难的。不同的用户、场景和频谱意味着不太可能用单一的系统解决此问题。基于此，5G标准就必须建立在一个高度灵活的系统基础之上。

韩国5G论坛执委会主席Youngnam Han坦言，由于应用差别较大，数据速率应按照从低端要求到高端要求。因此，他建议，将不同应用分成几个不同的部分，其后再分别满足不同客户的需求。

王晓云则认为，应该制定统一的框架，涵盖所有的技术参数，运营商可以根据需求来选定和配置这些参数。所以，需要一个统一的5G标准，同时其还必须拥有较强的灵活性。

5G标准的竞合与竞争

为了更好地抢占5G市场，中国、美国、欧盟、日本和韩国经过多轮协商，将统一通信标准。

按照部署，到2020年左右，争取在频率等标准方面达成一致，正式在全球市场上普及通用的5G设备和服务。

众所周知，5G是物联网的核心技术，谁掌握了该技术，谁就将拥有话语权。为此，各国都在联手，旨在打造能使本国企业在全球市场上可以平等竞争的环境，有效地推动5G设备与技术的研发。

日经中文网2017年7月20日报道称，5G的通信速度比当前的通信技术高出10~100倍，可传送高清视频等大容量数据。即使同时连接多台设备，速度也不会下降。在日本国内，NTT DoCoMo、KDDI、软银等三大移动通信运营商正在致力于5G的商业化运营。

该网站还介绍，为了更好地让5G落地，各国将统一频带和其他服务的防干扰手段。以日本为例，其就计划在5G中利用人造卫星通信业务的三个频段来实现。日本为了让各个国家和地区使用该频带，将对其统一的详细参数进行针对性磋商。

不可否认的是，一旦5G技术标准在全世界得到统一，使用5G技术的新兴商业模式无疑呼之欲出。例如，传统的冰箱通过智能化改造，其内置传感器会找出储备不足的食材并向用户推送提醒。

这仅仅是商业模式更新的一个方面，在5G时代，基于大数据分析的广告推广在通信标准统一之后，也可以节约获取数据的成本。

面对如此庞大的市场，中国、美国、欧盟、日本、韩国均在积极部署，这些国家和地区的重点企业也在积极地拓展新兴经济体市场。

中国之前一直在研究制定自主标准。在4G技术之前，通信技术标准制定都是由欧美主导，此次不同的是，5G标准将吸收中国共同讨论。

中国试图通过使用世界通用技术而非独自技术，来推动全球物联网领域市场的拓展。当中国企业加入物联网市场的征战后，围绕5G所进行的设备与服务竞争无疑会更加激烈。一旦5G技术标准在全世界得到统一，那么移动设备和基站就无须针对不同地区分别替换成不同的部件，有效地降低了生产和运营成本。由于相互兼容，移动设备的成本将大幅度降低，对于用户而言，那将是大大的实惠。

日本总务省将在国际性会议的基础上向厂商公布5G设备的技术标准。按照2017年7月出台的进度表，日本在2018年夏季决定频带，并在2018年内确定引入5G的移动运营商，且由入围的移动运营商制订手机基站的开设计划。

在引入4G通信技术时，各国就已经加强各方面的协作。面对同时接入等需要更高技术的5G通信技术，统一标准无疑具有积极的作用。日本剑指2020年，因为这是其举办东京奥运会的时间段，届时其将在城市地区提供5G相关服务，为5G落地打下基础。

5G标准的中国话语权

由于中国通信技术突飞猛进，因此首届全球5G大会把地点选在中国。这说明，在5G的发展过程中，中国起到了不可或缺的重要作用。

这样的观点得到中国IMT-2020（5G）推进组副主席王志勤的认同，在接受《21世纪经济报道》的记者采访时，王志勤介绍道："整体来看，中国在移动通信标准建设中的话语权越来越大，中国也将在5G的发展中扮演更为重要的角色。"

首届全球5G大会召开时，任中国IMT-2020（5G）推进组组长、中国信息通信研究院院长的曹淑敏介绍道："2016年6月，中国IMT-2020（5G）推进组已经发布了四份白皮书，包括5G的愿景和需求、5G的概念、5G的无线技术架构以及5G的网络技术架构，（2016年）6月1日还发布一份新的白皮书，即5G网络架构设计。在中国'863计划'和国家科技重大专项对5G的支持下，中国从2014年开始，相继完成了总体的技术、网络架构、频谱等研究。"

可能读者很好奇，中国5G话语权为什么提升得那么快？原因是，来自中国的华为、中兴通讯等厂商在5G专利领域已经进行了大量储备。基于此，中国主导的5G技术标准有可能成为国际标准，这有利于中国5G产业未来的整体发展。

这样的观点得到华为无线CTO童文的印证。在首届全球5G大会上，童文介绍道：“近2年华为已做了大量技术试验，2017年到2018年底，华为期待着与其合作伙伴基于标准来开展预商用的测试。”

在首届全球5G大会上，中兴通讯首席科学家向际鹰也谈及了中兴通讯的5G布局：“中兴已经投入了2亿元进行5G的研发，目前全球专门负责5G研究的员工有2000多名。”

除了有中国大型企业的支撑，更重要的是，中国拥有其他国家难以匹敌的用户规模。数据显示，中国已经建成全球最大的4G网络，基站的数量超过了200万个，用户数突破了5亿人，拥有全球第一的宽带互联网和移动互联网用户数，成为全球最大的电子信息产品生产基地和最具成长性的信息消费市场，培育了一批具有国际竞争力的企业。至2015年底，中国已经拥有了6.88亿个网民，互联网的普及率达到了50.3%，全年移动互联网接入的流量超过了400万T，同比增长了103%。

第41次《中国互联网络发展状况统计报告》显示，截至2017年12月，中国网民规模达7.72亿人，全年共计新增网民4073万人。互联网普及率为55.8%，较2016年底提升2.6个百分点（见图2-2）。

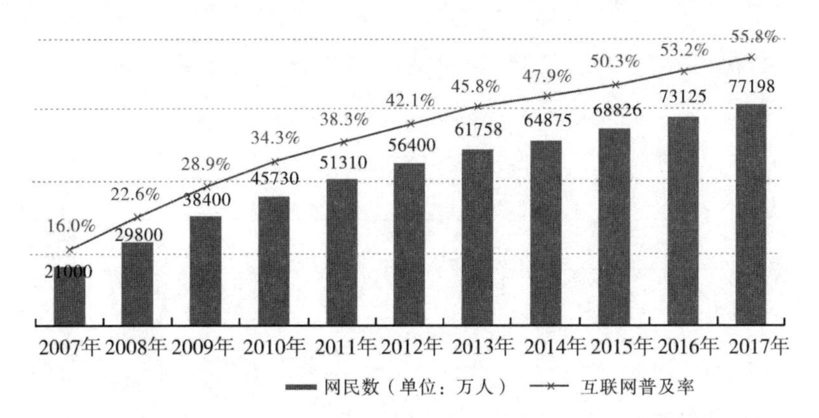

图2-2　2007年至2017年中国网民规模和互联网普及率

资料来源：CNNIC，第41次《中国互联网络发展状况统计报告》，2018年1月31日。

工信部部长苗圩乐观地介绍，中国还有近半数的人没有成为网民，这样潜在的用户群将孕育巨大的应用需求和发展的潜力，为加快中国步入5G时代奠定了坚实的基础。

2018年6月13日，安永发布的题为《中国扬帆启航，引领全球5G》的报告显示，中国将5G商用发布时间提前至2019年，很可能成为全球最先部署5G的几个主要市场之一。预计到2025年，中国的5G用户数将达到5.76亿个，占全球总数的40%以上。

该报告指出，中国正在5G的发展竞赛中处于世界领先地位，自上而下的国家发展议程加上一系列关键计划都在大力支持打造一个完整的生态系统。全球5G统一标准预计将于2019年完成，而中国将5G商用发布时间提前至2019年，很可能成为全球最先部署5G的几个主要市场之一。

对此，安永大中华区科技、媒体与电信行业主管合伙人罗奕智在接受媒体采访时坦言："受短期基础设施、设备和应用供应的局限，5G在国内的部署和采用将会循序渐进，不会在短期内完全改变或者颠覆电信领域及其他行业。"

在罗奕智看来，5G已是大势所趋，来自公开数据的预测间接证明了这样的判断，2025年，中国的5G用户数将超过2.5亿个（见图2-3）。

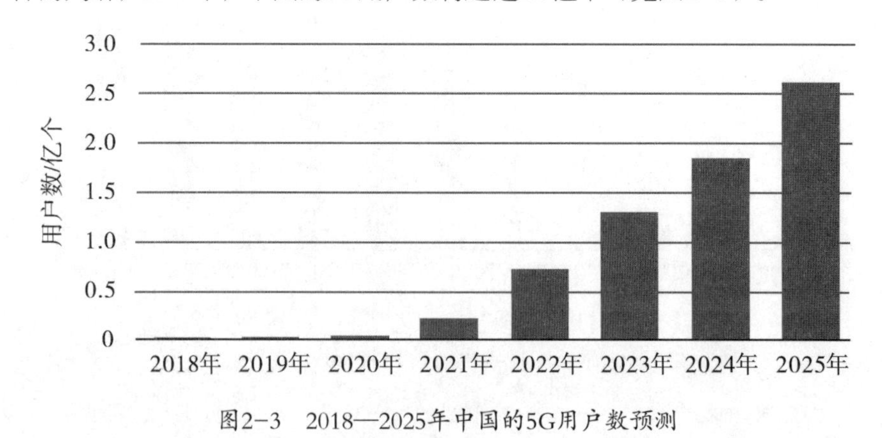

图2-3　2018—2025年中国的5G用户数预测

资料来源：万物云联网，《重磅：为什么中国和美国要在5G上展开争夺？》，2018年4月1日。

阶段性的5G胜利

在5G格局中，来自中国的力量正在显现。2016年11月，3GPP RAN1 #87会议在美国内华达州里诺召开，经过与会企业代表的多轮讨论，3GPP最终确定了5G增强移动宽带（eMBB）场景的信道编码技术方案，其中，Polar码为控制信道的编码方案；LDPC码为数据信道的编码方案。

据了解，Polar码是编码界的“新星”。2008年，土耳其毕尔肯大学的埃尔达尔·阿里坎教授首次提出Polar码。

在当前的学术界，Polar码是跨国企业的研究热点之一，因此，一些中国企业，比如华为，非常看好Polar码的商业潜力，并投入了巨额资金和研发力量，对Polar码在5G应用方案方面进行深入研究、评估和优化，试图在传输性能方面取得突破。

在5G标准中，采用Polar码其实是3GPP对创新技术的开放和支持的具体体现。在此次3GPP会议上，来自多个国家的数家企业在统一的比较准则下，详细地评估了多种候选编码方案的性能、复杂度、编译码时延和功耗等，经过多轮测试，最终达成共识，将Polar码确定为5G eMBB场景控制信道的编码方案。

信道编解码是无线通信领域的核心技术之一，其性能的改进将直接扩大网络覆盖面及提升用户传输速率。基于此，Polar码作为信道编解码领域的基础创新，无疑可提升5G网络的用户体验，由此提升5G标准的竞争力。

入围的Polar码

与3G时代、4G时代不同的是，此次以华为为代表、由中国主导推动的

Polar码被3GPP采纳为5G eMBB场景控制信道标准方案，也让中国企业首次进入基础通信框架协议领域，这说明中国在5G移动通信技术研究和标准化上有了重要进展。

客观地讲，此次Polar码被采纳，尽管离5G标准确定还有一段很长的路要走，但是中国却在持续地加大对5G标准的研发，为形成全球统一的5G标准，亦为日后能掌握控制权打下基础。

当Polar码被采纳后，一些不了解全局情况的自媒体开始自我狂欢，甚至出现了诸如“华为碾压高通”“中国拿下了5G时代”等错误解读。

面对乱象丛生的局面，飞象网CEO项立刚在接受媒体采访时客观地评价：“5G的标准包括基带、控制、空口协议等，是一个复杂的体系。Polar码只是一种编码方案，3GPP也不是ITU，这只是5G标准之路上重要的一步，远不是5G标准。而且，这个标准方案不是专利，只是华为首倡提出的，然后得到大家支持，也不是说华为就拥有这项技术。”

在项立刚看来，全球统一的5G标准依然还在多方博弈，虽然此次以华为为代表的Polar码阵营赢得了胜利，但是以美国高通公司为代表的LDPC码阵营和以法国为代表的Turbo2.0码阵营依然有翻盘的可能。

2016年10月14日，在葡萄牙里斯本举行的会议上，LDPC码就击败Turbo码和Polar码，被采纳为5G eMBB场景的数据信道的长码块编码方案。

此次Polar码以取得59票的绝对优势击败LDPC码和Turbo码，成为5G控制信道eMBB控制信道的编码方案。

公开资料显示，Polar码阵营的支持者，包括华为、中兴通讯、OPPO、vivo、小米、阿里巴巴、联想、中国联通、中国电信、中国移动、烽火科技、展讯以及宏碁、联发科、台湾大学等电信运营商、设备商、芯片商、终端商以及高校。

众所周知，标准的选择，很大程度上是技术的抉择，同时还包括政治和综合实力的较量。当下的中国，拥有全球最大的通信市场、最大的电信运营

商，通信设备制造企业、手机企业的实力也都十分雄厚，这为拥有话语权打下了基础。

根据5G的落地规划，中国在2016—2018年进行5G技术研发试验，分为5G关键技术试验、5G技术方案验证和5G系统验证三个阶段实施。

华为、中兴通讯、大唐电信、爱立信、上海贝尔、英特尔、三星这7家企业参与第一阶段的测试。

在此轮测试中，华为测试并验证了Polar码在移动互联网和物联网业务情况下的性能比Turbo码有所增益，同时也验证了Polar码在高频场景下支持高速率、大容量数据传输的可行性。

按照华为的测试要求，Polar码必须同时满足超高速率、低时延、大连接的场景需求，在现有的蜂窝网络中有效提升10%的频谱效率。在与毫米波结合后，其速率达到27Gbps。华为的试验结果为Polar码成为5G eMBB控制信道标准方案打下坚实的基础，同时也为自己赢得欧盟第一张5G通行证提供了有力的技术支撑。

关键技术研发与专利布局

从5G的规划分析，2016年是5G标准元年。根据国际电信联盟无线电通信局（ITU-R）的规划，确定了5G三大主要应用场景：增强型移动宽带（eMBB）、大规模机器类通信（mMTC）和超高可靠低时延通信（uRLLC）。

与3G时代、4G时代的语音和数据业不同的是，上述场景对应的是VR（虚拟现实技术）和AR（增强现实技术）、车联网、大规模物联网、高清视频等各种应用。在eMBB场景后，业界后续还将决定uRLLC场景下的信道编码方案，最后再决定mMTC场景下的信道编码方案。

对于任何一个企业来说，谁掌握标准技术，谁就拥有绝对的话语权，在通信技术领域更是如此。由此衍生的标准必要专利的巨大的商业潜力被科技巨头牢牢地掌控在手中。在这些企业看来，标准必要专利是一个合法提高市场占有率与巩固核心技术的战略手段。

其中，高通就是一个较为典型的案例。在30年前，高通创始人把军用的CDMA技术布局在民用通信领域，由此成为与欧洲GSM竞争的第二代移动通信系统。

在2G时代，由于中国企业的集体缺席，使得中国的2G技术相对较弱。在3G时代，中国企业开始发力，自主研发的TD-SCDMA与WCDMA、CDMA2000共同成为3G标准，但是高通的CDMA依然垄断底层技术。即使在现在，高通的绝大部分利润仍然来自基于CDMA的专利授权。

基于此，押宝5G的关键技术研发与专利布局，已成为跨国企业建立壁垒的一个较为重要的竞争手段。根据媒体报道，早在2012年，华为就已经着手开始进行Polar码的相关专利申请。

如此布局与其自身的战略利益攸关，谁拥有移动通信底层技术，谁就获得主导权，并能通过技术的协同，提升终端产品的研发效率和创新能力。

对于这样变化，飞象网CEO项立刚解释道："目前3GPP和3GPP2都在推动5G的标准，3GPP是以欧洲企业为主导的标准化组织，3GPP2由高通组建。与3G时代、4G时代的多个标准并存不同的是，5G有望实现全球统一标准。虽然现在Polar码获得了认可，但最终的标准要由ITU通过。"

在此次战役中，胜利虽然来之不易，但是必须客观地看待，Polar码只成为eMBB短码的控制信道编码，而LDPC在中长编码也占据主导，且最终标准远未确定。

在这方面，华为官方的回应就相对客观："LDPC码与Polar码都是第一次进入3GPP移动通信系统，全球多家公司在统一的比较准则下，详细评估了多种候选编码方案的性能、复杂度、编译码时延和功耗等，并最终达成共识。LDPC码和Polar码的决策是5G标准的一个里程碑，进一步推动了3GPP全球5G统一标准的产业进程。"

华为与爱立信之争：决胜5G时代

要想彻底领先竞争者，一个最好的办法就是制定行业标准。究其原因，是一流企业定标准，二流企业做品牌，三流企业做产品。

众所周知，能够制定标准的企业，通常都是行业的领头羊，有制定游戏规则的能力。因此制定行业标准的企业往往通过提高门槛限制其他企业的进入，削弱其优势。

的确，二流的企业主要经营的是品牌，具体是指在行业标准下，通过自身的营销、内部管理、质量管理等手段打造品牌优势。

三流的企业主要是在产品上下功夫，即通过提升产品质量的路径，提升竞争优势。这样的道理适用于华为。在5G到来之前，拥有技术优势的华为并不甘心自己在通信领域成为二流和三流企业，立志成为一流企业。当2013年华为首次超越爱立信，成为全球最大的电信设备供应商之后，华为与其争夺行业标准制定权的战斗由此打响，这就意味着决胜5G时代的竞争早已开始。

2020年，数亿用户将被5G占领

2016年3月，时任工信部副部长的陈肇雄向媒体介绍："5G是新一代移动通信技术发展的主要方向，是未来新一代信息基础设施的重要组成部分。与4G相比，不仅将进一步提升用户的网络体验，同时还将满足未来万物互联的应用需求。从用户体验看，5G具有更高的速率、更大的带宽，预计5G网速将比4G提高10倍左右，只需要几秒即可下载一部高清电影，能够满足消费者对虚拟现实、超高清视频等更高要求的网络体验需求。"陈肇雄表示，“5G具有更高的可靠性，更低的时延，能够满足智能制造、自动驾驶等行业应用的特定需求，拓宽融合产业的发展空间，支撑经济社会创新发展。”这样的变化，将为用户带来更好的体验。

的确，在当前，当用户去运营商处换卡时，业务人员都会很礼貌地告知，请您办理4G业务，3G、2G业务已经不再办理。这也从一个侧面说明，在当下的北、上、广、深等大城市，4G已经达到全面覆盖的程度，无疑把市场及用户需求激发了出来。基于此，在不远的未来，5G其潜在的巨大的商业机会将会显现。

2016年3月，美国媒体就报道了有关爱立信与T-Mobile正式进行了5G业务的研发与测试的新闻。该报道预测，到2021年底，5G用户的数量将会达到1.5亿个。

在此之前，华为的代表在接受媒体采访时表示，其已经启动5G网络的布局。华为透露这样的信息是有其依据的，在2016年世界移动通信大会上，作为未来发展趋势的5G自然吸引了无数媒体的关注，时任华为轮值CEO的郭平就围绕“What should we do before 5G?”（5G之前，我们应该怎么做？）阐述了自己对5G未来发展可能性的看法。

郭平坦言：“至少要到2020年，5G技术才有可能成熟化、普及化并达到商用程度，当前它需要的是更多的时间去建设与推广。”

一位业界资深专家表示：“5G不仅仅是下一代移动通信网络基础设施，而且是未来数字世界的使能者，它将实现1000亿级别的连接、10Gbps的速率以及低至1毫秒的时延， 可以应用于自动驾驶、超高清视频、虚拟现实、万物互联的智能传感器。”

时任华为轮值CEO徐直军在接受媒体采访时坦言：“现阶段（2016年）的5G仍处于研究定义阶段，对于行业而言，5G不仅仅能提升基础通信，更能连接人与人、物与物、人与物，是未来数字世界的使能者。”

在徐直军看来，5G不仅能打破人与机器之间的移动通信壁垒，同时还

可以让梦想变成现实。

为了能领跑5G，华为加大马力，投入巨资。不仅如此，华为还在基础研究阶段通过自身的努力推动了全球5G的进程。

令人欣慰的是，华为早已在5G创新领域取得了重大进展。按照华为的整体规划，2018年，华为开始部署5G的试验网络；2020年，华为就可以部署5G商用网络。

核心竞争区还是在5G标准上

当我们沉浸在4G给我们带来的便捷时，当下火爆的“互联网+”服务正在广泛地影响着我们的思维模式与消费习惯，同时以前所未有的冲击力颠覆和渗透各个行业。很多“互联网+”服务已经成为“互联网+”风口的一头“会飞的猪”，如滴滴出行。

在前几年，当滴滴和快的打响“烧钱”大战时，就一度引发媒体人和商学院专家等关注者的讨论。在争论的过程中，他们发现，滴滴和快的的商业模式耐人寻味。

在刚开始时出租车司机可以免费安装滴滴和快的软件。之后，滴滴和快的通过补贴，培养出租车司机和用户使用打车软件的习惯。

众所周知，对于“互联网+”服务时代的企业来说，作为互联网产品的提供者，首先必须有一个用户模式，此外还必须拥有足够多的用户，在这个基础上再形成一个比较可行的商业模式，收益问题也就迎刃而解。

在滴滴和快的这样的商业模式中，其实就是通过向用户提供低成本、低门槛的“互联网+”服务，让用户养成一种新的消费习惯，当消费习惯和用户、用户活跃度都产生了以后，滴滴和快的的商业模式就设计出来了，从此不再是一个打车软件，而是一个流量入口。通过这个流量入口，滴滴和快的就可以探索出更多的商业模式和盈利模式，如滴滴后来推出的商城，也就打破了原有的打车软件的限制，在收取广告费的同时，还可以翻倍地赚取其他利润。

在这样的背景下，5G离我们越来越近。从全球通信业技术发展的周期来分析，5G比4G来得更加迅猛，华为、爱立信等无线通信技术引领者已经在5G领域的较量中悄然登场。

为此，曾任爱立信CEO的卫翰思在接受媒体采访时说道："5G预计到2020年才可商用，但爱立信已经在研发该技术，并与全球不同的5G研发组织合作，与客户、学术界专家和其他设备商一起合作，希望制定一个统一的5G标准。"

在这场竞争中，时任华为轮值CEO的胡厚崑在2015年世界移动通信大会上大谈5G，他表示："2G时代、3G时代华为是个追赶者，4G时代实现了与国外巨头齐头并进，而在5G时代华为将力争成为全球的引领者。"可见，华为非常重视5G。

华为与爱立信在5G领域的较量，除了较量技术外，另一个核心的问题是谁来制定标准。在很多论坛上，企业家们甚至把"一流企业定标准，二流企业做技术，三流企业做产品"作为口头禅，可以肯定地说，只有控制标准，才能占领市场的制高点。

在标准未制定之前，中国、欧盟、日本以及美国的研究机构和团体都普遍预测2020年将是5G商用的时间节点，但是迄今为止，5G尚未形成一种成型的技术或标准。2013年2月，欧盟宣布，将拨款5000万欧元，加快5G移动技术的发展，计划到2020年推出成熟的标准。

2013年5月13日，韩国三星电子宣布，已成功开发5G的核心技术，这一技术预计将于2020年开始进行商业化。该技术可在28GHz超高频段以每秒1Gbps以上的速度传送数据，且最长传送距离可达2公里。

……

这组数据足以说明，5G的概念依然很模糊，为华为、爱立信等技术型企业构建竞争优势创造了条件，5G标准制定权成为它们较量的角力点。参

与标准制定、掌握专利所有权一直是爱立信等海外企业的一项规模很大的业务，前几代网络和移动设备的大部分知识产权都在其手中。

华为加入开发5G网络的竞赛后，就不能仅仅局限在自家实验室内，还必须在行业层面与运营商，甚至是竞争者开展合作。

胡厚崑在2015年世界移动通信大会期间就谈到了合作的事情，他表示："过去一家主导的标准在5G时代并不适用，需要各行业进行广泛的合作和展开对话，通过跨行业的沟通与合作，更好地理解不同行业应用对5G通信网络的需求，尤其是那些具有共性的需求，才能更好地定义5G的标准，用各个行业的应用需求，促进5G的技术创新。"

其后，华为就高调宣布合作者：与日本最大的移动服务供应商NTT DoCoMo签署协议，在中国和日本开展5G的外场联合测试，共同验证新空口基础关键技术；携手英国萨里大学5G创新中心（5GIC），宣布启动世界首个5G通信技术测试床；与俄罗斯电信运营商MegaFon签署协议，提前在2018年建设5G试验网……

不仅如此，华为还投入巨资开发5G网络。华为宣布，在2018年前至少投资6亿美元用于5G技术研究与创新。

面对华为在5G网络方面的投入，爱立信也在积极地奔跑，其一贯在标准制定上扮演引领者的角色，自然不会轻易地把机会留给华为。

据悉，爱立信为了更好地推动5G的标准化和商用化发展，同样在全球与研究机构、运营商、厂商等产业链各个环节单位进行了深入合作：与IBM开展5G相控阵天线的设计，致力于使网络的数据传输速率较现在提升多个数量级；与中国信息通信研究院签署谅解备忘录，双方将联合在5G领域展开研究和开发；宣布启动"瑞典5G"研究项目，围绕5G，与多个重要的行业合作伙伴、重点大学以及研究机构共同展开合作，共同引领数字化的发展。

在卫翰思看来，爱立信作为移动宽带网络领域的先行领导者，毋庸置疑是希望自己在5G时代到来时，能继续巩固之前的地位。与此同时，越来越多运营商和设备商也加入了5G战局。中兴通讯提出了Pre 5G概念，即可将5G中的部分技术直接应用到4G中，甚至不需要改变空中接口标准，直接采用4G终端就可以实现，这样就使用户能够提前得到类似于5G的体验。

随着5G时代的来临，各组织提出的技术标准仍在收集当中。这意味着谁参与制定的5G标准被认可，谁就会在5G时代拥有话语权。这就是华为与爱立信都纷纷重金研发5G网络的原因，因为这不仅仅是一场技术间的较量，更是一场标准之争。

第三章 5G ≠ 4G+1G

谈起5G，很多人的感觉就是速度更快，但英特尔院士吴耕却表示：5G≠4G+1G。吴耕认为，5G是4G之后的延伸，其理论下行速度为10Gb/s（相当于下载速度1.25Gb/s）。

诺基亚与加拿大运营商Bell Canada合作完成的加拿大首次5G网络技术的测试数据显示，测试中使用了73GHz范围内的频谱，数据传输速率为加拿大现有4G网络的6倍。

从这个角度上讲，5G是一个颠覆性的起点。为此，吴耕坦言："5G是一个崭新的、颠覆性的起点，将满足全球对整个产业升级的期待。"

在吴耕看来，5G不仅可以满足通信行业的需求，还可以提高全球的智能环境，为工业制造，以及包括医疗、家居、出行等在内的人们生活的方方面面带来便捷的服务。

颠覆性的起点

随着信息通信技术的发展，5G无线通信技术正在由实验室走进现实生活。5G网络主要有三大特点——极高的速率、极大的容量、极低的时延，不论是移动网络的速度、容量还是稳定性，都将极大地改变人类的工作与生活。

英国萨里大学5G研发中心负责人拉希姆·塔法佐利教授认为，5G数据传输速度最终可以达到惊人的800Gbps，比目前已实现的网络传输速度快100倍。

如果数据传输速度为1Gbps，意味着不到半分钟就可以下载一部高清电影。那么800Gpbs的速度相当于1秒钟可以下载33部高清电影。这样的改变是颠覆性的，不仅可以用在网络通信方面，还将应用于军事、娱乐、设计、展览、教育、工业、医疗、旅游等领域。

崭新的起点

工信部IMT-2020（5G）推进组专家罗振东认为，5G满足了整个通信行业的应用业务需求，是产业发展的大方向。

在罗振东看来，与4G以及此前通信技术的最大区别是，5G能实现万物互联，在应用上的突破也是5G的一个亮点，它开启了通信行业与其他各个行业的相互结合，这为通信行业以及交通、医疗等诸多领域发生质的改变打下了基础（见图3-1）。

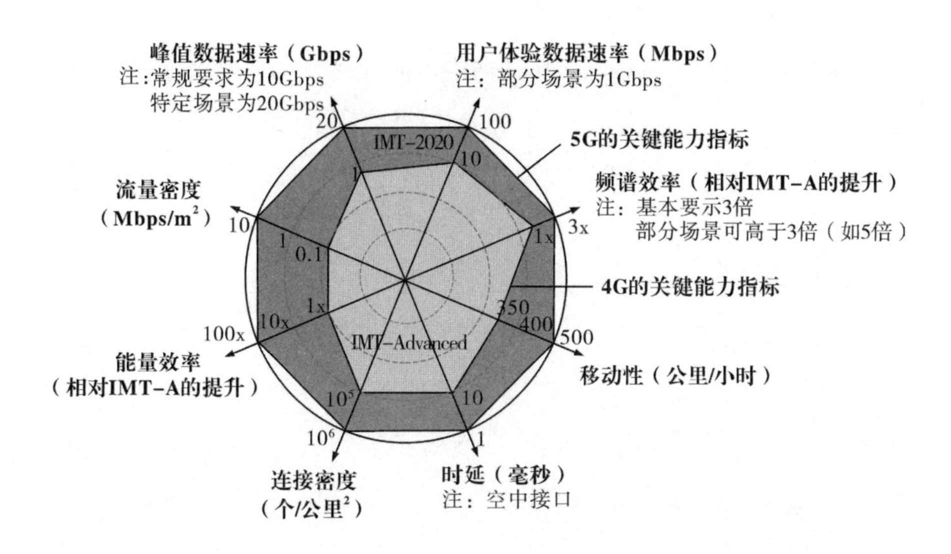

图3-1　5G与4G的关键能力指标对比

资料来源：中国信通院，《5G经济社会影响白皮书》，2017年6月14日。

面对新的变化，中国移动研究院无线与终端所总工程师刘光毅指出，5G技术将满足未来10年整个社会发展在移动通信技术方面的综合需求。刘光毅说道："5G可以看作是给我们提供一种新的能力，服务于整个社会的各行各业，帮助各行各业升级换代。4G改变了生活，5G改变的是整个社会。"

从1G到4G，都是以人为中心。而5G则有所不同，5G是"人和人、人和物、物和物"，以此构建信息化的全新基础设施。中国信息通信研究院信息化与工业化融合研究所副所长许志远总结道："可以用三个'海'——海量数据、海量机器、海量领域或者海量行业来描述5G的特点。"

正因为如此，5G的商业价值亟待挖掘。中国移动政企客户部交通行业解决方案部项目经理曾锋坦言："5G时代是和垂直行业结合更紧密的时代，是需要和各行各业共同进步的时代……4G基本上做到人和人的连接，5G是万物的连接，需要和垂直行业做更紧密的联系。"

移动通信技术的代际跃迁

回顾通信技术的发展，当1G进阶到2G时，移动通信技术完成了从模拟到数字的转型升级，在语音业务基础上，扩展支持低速数据业务。

当 2G进阶到3G时，网络的数据传输能力提升较为显著，峰值速率可达2Mbps/秒至数十Mbps/秒，支持视频电话等移动多媒体业务。

4G的网络传输能力比3G更强，其峰值速率可达100Mbps/秒至1Gbps/秒。

5G技术以一种全新的网络架构，提供峰值10Gbps以上的带宽、毫秒级时延和超高密度连接，实现万物互联，带来的不仅是商业模式的更新，更是充满无限遐想的应用场景。

5G能够为用户提供前所未有的体验，以及提供物联网所需要的网络，其连接能力较强。

目前的研究显示，到2020年及以后，移动数据的流量会呈现爆炸式增长，无数的物联网设备将形成海量连接，各种垂直行业的应用将如雨后春笋般出现。

在《5G经济社会影响白皮书》中，介绍了5G的相关信息，5G在改进峰值速率、移动性、时延和频谱效率等传统指标的基础上，新增加了用户体验速率、连接数密度、流量密度和能效4个关键能力指标。

《5G经济社会影响白皮书》还介绍了5G的相关参数，5G用户体验速率可达100Mbps/秒至1Gbps/秒，支持移动虚拟现实等极致业务体验；连接数密度可达100万个/km^2，有效支持海量的物联网设备接入；流量密度可达10Mbps/m^2，支持未来千倍以上移动业务流量增长；传输时延可达毫秒量级，能满足车联网和工业控制的严苛要求。

正因为拥有如此卓越的性能，5G成为经济社会进行数字化转型的一个关键催化器。在不远的将来，5G将与云计算、大数据、人工智能、虚拟增强现实等技术进行深度融合，不仅形成人与人之间的连接，而且形成人与物，以及物与物的连接。

首先，5G技术能解决超高清视频、下一代社交网络、浸入式游戏等更加身临其境的业务体验问题，有效地推动人类交互方式体验的再次升级。

其次，5G 技术支持海量的机器通信，以智慧城市、智能家居等为代表的典型应用场景届时将与移动通信进行深度融合，其规模将达到千亿量级。值得一提的是，5G由于具备超高可靠性、超低时延的卓越性能，可能会引爆诸如车联网、移动医疗、工业互联网等垂直行业应用。

5G商业化时间表

根据国际电信联盟（ITU）启动的5G标准化前期研究，5G时间表分为三个阶段：到2015年底为第一阶段，2016年到2017年底为第二阶段，2017年底至2020年为第三阶段。

第一阶段：完成5G宏观战略的描述

5G时间表的第一阶段截至2015年世界无线电大会前。该阶段的重点是完成5G宏观战略的描述，涵盖5G的愿景（IMT. Vision）、5G的技术趋势（IMT. Future Technology Trends）、5G的候选频段（IMT.ABOVE 6 GHz）和国际电信联盟的相关决议，并在2015年世界无线电大会上获得必要的频率资源。

截至2014年10月底，5G的愿景已经大体成型，其中，关键能力指标经讨论达成一致（见表3-1）。

表3-1　国际电信联盟给出的5G八项关键能力指标

关键能力指标	关键能力指标定义	5G系统的关键能力指标值
用户体验数据速率	真实网络环境下用户可获得的最低传输速率	100Mbit/s~1Gbit/s
峰值数据速率	单用户可获取的最高传输速率	10~50Gbit/s
移动性	满足一定性能要求时，收发双方之间的最大相对移动速度	500km/h

（续表）

关键能力指标	关键能力指标定义	5G系统的关键能力指标值
时延（空中接口）	数据包从出现在基站IP层到出现在终端IP层的时间	1ms（空中接口）
连接密度	单位面积上支持的在线设备总和	10^6~10^7/km^2或使用一个相对值
能量效率	每焦耳网络能量所能传输的比特数	网络侧：至少比4G（IMT-Advanced）提升50~100倍，需进一步讨论
频谱效率	每小区或单位面积内，单位频谱资源所提供的所有用户吞吐量的和	比4G（IMT-Advanced）提升5倍
流量密度	单位面积区域内所有用户的数据流量	1~10Tbps/km^2或10Tbps/km^2或使用一个相对值，需进一步讨论

资料来源：中国无线电管理网，《全球5G研发总体情况——10分钟读懂5G》，2018年6月15日。

在2015年6月的国际电信联盟WP5D第22次会议上，最终确定了IMT的名称、愿景和时间表等关键内容。

在国际电信联盟的IMT家族中，3G叫作IMT-2000，4G叫作IMT-Advanced，5G被正式命名为IMT-2020。

国际电信联盟确定IMT的名称、愿景和时间表，旨在实现全球标准的统一，当然，具体的标准由国际电信联盟负责制定。

众所周知，作为非技术组织，国际电信联盟委托3GPP制定5G标准。而3GPP会与设备商、终端商和运营商进行多方谈判，最后确定技术标准和路线图。

第二阶段：技术准备

5G时间表的第二阶段是2016年到2017年底。该阶段的主要任务是技术准备。按照国际电信联盟的要求，该阶段主要完成技术要求、技术评估方法和提交候选技术所需要的模板等内容，以及正式向全世界发出征集5G候选技术的通函。

在此阶段，各界都在积极地开展5G技术的研究，做好向国际电信联盟提交候选技术的准备。按照3GPP的时间表，2017年底推出了早期移动5G规范，2018下半年推出5G标准的第一个版本。

在中国，按照工信部的规划，2017年，中国已经开展5G技术研发试验的第二阶段测试，同时针对各厂商面向5G移动互联网和物联网各应用场景进行相关验证。

当完成第二阶段的测试后，中国在2018年进行了大规模网络技术研发和测试。在5G标准正式公布后，中国会开始大规模进入网络建设阶段，到2020年，5G网络就可以正式商用。

在5G标准出台之前，中国移动、中国联通、中国电信早已开始自己的5G规划。

中国移动展开大规模的网络测试，与合作企业进行相关的应用试验，争取在2020年实现5G网络规模化商用。

中国联通也不甘示弱，已加快5G关键技术的研究进程，在布局5G网络方面，也在不断地深化物联网领域的技术积累，以满足5G网络2020年规模化商用的目标。

与中国移动和中国联通不同的是，中国电信提出自己的转型3.0战略，在未来10年内，中国电信将分三步进行5G部署，并全面地开展与5G相关的研究和测试，争取2025年在6GHz以下首发5G。

中国移动、中国联通、中国电信三大运营商的5G战略中，各有各的重点（见表3-2）。

表3-2 中国移动、中国联通、中国电信的5G战略布局

公司	时间（年）	计划
中国移动	2017	4~5个城市，每个城市建设7个站点做系统验证，2017年后期在4G引入部分5G技术
	2018	多个城市试用，每个城市建设20个站点，实现预商用
	2019	扩大试验网规模，增加城市数量
	2020	全网5G基站将会达到万站规模，从而实现商用产品规模部署
中国联通	2016	完成5G端到端网络架构关键技术的布局，完成5G开放实验室建设
	2017	完成5G无线关键技术、5G网络关键技术、5G传输关键技术、5G安全关键技术的研究工作
	2018	完成5G关键技术的实验室验证；制订中国联通的5G网络建设方案
	2019	完成5G外场组网验证
	2020	完成5G移动通信网络的正式商用
中国电信	2016—2018	实现5G网络演进构架与关键技术研究、技术概念验证；制订5G演进的技术方案，提出影响5G技术的发展及标准化走向；适时开展部分5G关键技术的实验室测试与外场试验
	2018—2020	开展4G引入5G的系统和组网能力验证；制定企业级5G技术规范，为引入5G技术组网提供技术指导；对于部分成熟的5G技术，进行试商用部署
	2020—2025	按照CTNet2025网络发展目标，持续开展5G移动通信后续技术演进的研究、试验以及商用推进工作

资料来源：澄泓财经，《5G全产业链深度分析之（一）：投资逻辑》，2017年8月5日。

从产业进度的角度来分析，5G目前尚处于技术标准制定、场外试验和产品预研的阶段。可以预见，2018—2020年，5G的产业化的商业价值会被开发出来，上下游产业链的孕育已经成型，这无疑给相关市场带来了前所未有的商业机会。

第三阶段：收集候选技术

5G时间表第三阶段的任务是收集候选技术。具体时间2017年底至2020年，在该阶段，各个国家和国际组织将向国际电信联盟提交候选的5G技术。

国际电信联盟在收到候选的5G技术后会进行评估，组织讨论，并力争在世界范围内达成一致。

按照5G时间表，到2020年底，国际电信联盟将发布正式的5G标准。然而，早在2012年7月，国际电信联盟就启动了未来技术趋势的研究工作，旨在研究移动通信的频谱效率提升、更大和更灵活的带宽使用、多样化业务支持、用户体验改善、能效提升、网络、终端、运营部署、安全等方面技术的未来发展趋势。

根据国际电信联盟的IMT未来通信技术趋势报告，未来通信技术趋势涵盖的关键技术主要有七个（见图3-2）。

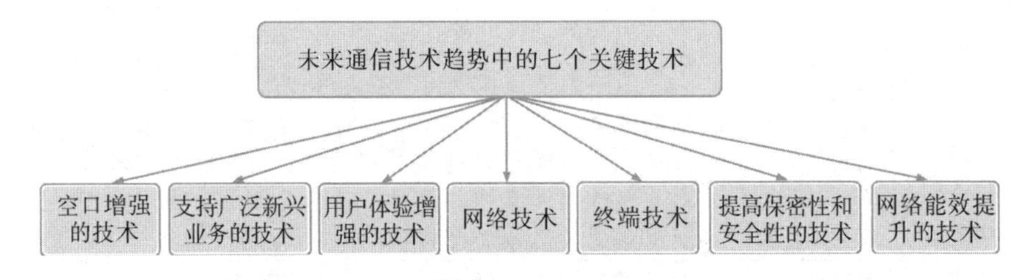

图3-2　未来通信技术趋势中的七个关键技术

资料来源：中国无线电管理网，《全球5G研发总体情况——10分钟读懂5G》，2018年6月15日。

按照5G的部署，5G频谱研究也在进行中，国际电信联盟WP5D第17次会议完成了面向2020年的IMT频谱需求预测“IMT.2020.ESTIMATE”报告。

根据该报告，2020年，低用户密度的频谱需求为1340MHz，高用户密度的频谱需求为1960MHz。

基于此，中国目前已经规划了687MHz频谱，但是在2020年以后，中国仍需要1GHz以上的频谱资源。

第四章

5G会是下一个风口吗

对于5G的商业价值，全球移动通信系统协会会长马茨·葛瑞德认为，5G不单单是通信技术的进步，更代表基础通信技术在社会中所扮演的角色的一次重要转变。

在马茨·葛瑞德看来，5G可以满足用户急速增长的网络连接需求，同时还是一个商业价值巨大的蓝海市场，涵盖全人类和各类商业机构。5G技术的连接拥有跨产业、跨领域等特征，势必影响零售界、医疗界、服务界、金融界、运输界等各个领域。

5G是建立在4G的设施基础上的，在通信能力上将是爆发式的进步，超过10亿台的、瞬时的大功率连接设备在通畅地运行。目前布局的物联网、智慧城市、自动化工业等都将迎来革命性的变化，这会为设备制造商、服务提供商、政府组织等带来难得的发展机遇。

5G为商业革命带来无限的机会

随着5G高带宽时代的到来，基于移动宽带增强、超高可靠、超低时延通信及大规模物联网的应用场景，曾经的技术壁垒被打破。

5G具备高带宽、低延时、大容量等特点，使得许多行业与通信行业相连接，引发虚拟现实（VR）、工业互联网、车联网和移动医疗等新兴行业的技术创新热潮。

5G的低延时特点为VR提供了现实土壤，再加上5G的大容量、更快的数据传输速率等特点，VR巨大的潜在商业价值被激发出来。

2020年移动市场规模为4.2万亿美元

随着5G的到来，当下热议的智能自动化、智慧城市、万物互联等将有更大的发展舞台。

事实上，5G技术的完善和成熟，对将来的布局推广、完善生态、产业创新都将产生颠覆性的影响。

公开资料显示，在5G的生态蓝图（见图4-1）上，到2020年，其移动市场的规模将高达4.2万亿美元。

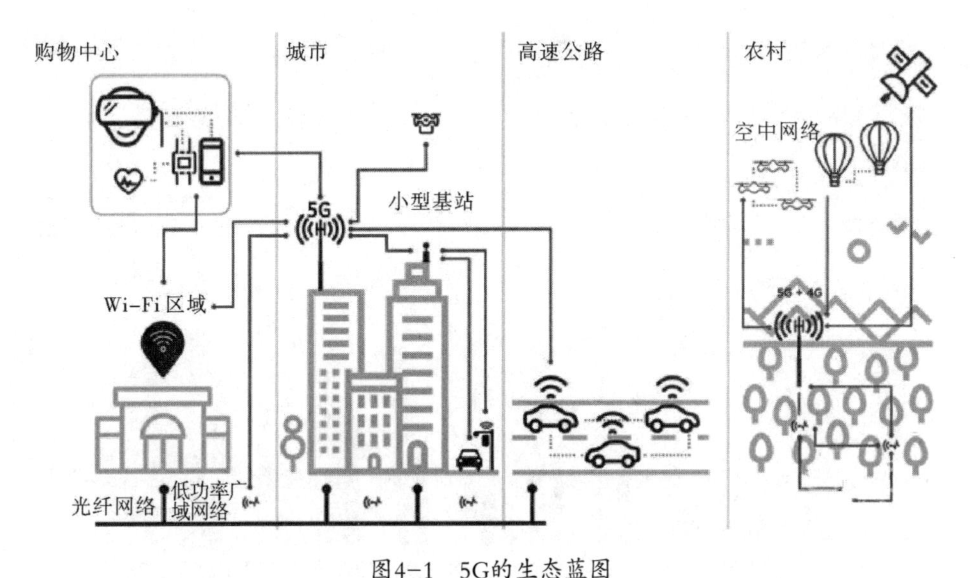

图4-1 5G的生态蓝图

资料来源：智东西，《5G产业链大观：2020年4.2万亿美元 中国有先发优势》，2017年3月5日。

在5G的布局中，按照早期移动宽带的惯例，以及运营商寻求增量机会，拓展关键企业级垂直市场的爆发点大概在2025年。

亚洲移动通信协会在报告中指出，预计截至2025年，5G连接将占整体通信行业的12%，连接数达11亿，运营商收入的年复合增长率为2.5%，即2025年将创收1.3万亿美元。

在这些市场机会中，仅仅在移动网络方面就十分巨大。2020年全球移动业务将增至4.2万亿美元，届时5G的人口覆盖率将超过1/3，设备连接率将超过12%。未来5G对全球经济的影响将是巨大的，尤其是对中国。《5G经济社会影响白皮书》显示，从产出规模看，2030年5G带动的直接产出和间接产出将分别达到6.3万亿元和10.6万亿元。从2020年5G正式商用算起，预计当年将带动约4840亿元的直接产出，2025年、2030年将分别增长到3.3万亿元、6.3万亿元，11年间的年均复合增长率为29%。2020年、2025年和2030年，5G将分别带动1.2万亿元、6.3万亿元、10.6万亿元的间接产出，年均复合增长率为24%（见图4-2）。

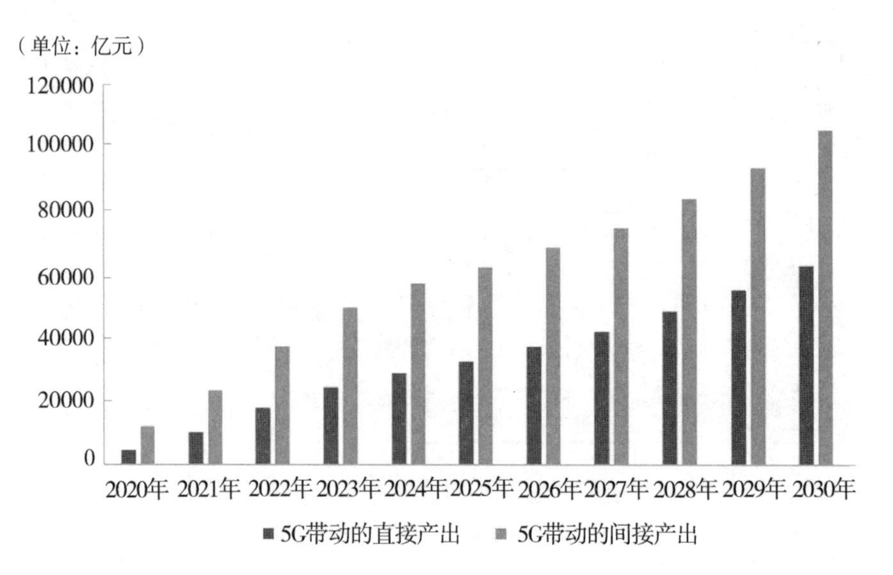

图4-2　5G带动的直接产出和间接产出

资料来源：中国信通院，《5G经济社会影响白皮书》，2017年6月14日。

5G时代的到来，无疑会加快5G技术在工业数字化和自动化方面的应用，同时与5G技术的商用也将拉动全球主要国家未来5年的GDP增长。对于个人来说，5G将结合机器学习技术、生物科技/可穿戴、量子计算、云计算存储等，使得人机沟通，甚至是非语言类的情感沟通变成现实，远程服务、无人机物流等新的经营活动将改变人类的生活方式。

5G的市场前景广阔，产业增长未来可期

由于4G解决方案已经不能满足用户激增更高层次的网络体验需求，因此5G解决方案在用户的呼唤中出台了。

与4G相比，5G不管是在峰值速率、流量密度，还是在频谱效率等关键

能力上，都会有大幅度的提升。

5G不是在4G的基础上简单地进行拓展，两者较大的区别在于万物互联。在5G时代，由于网络承载能力更强大，5G为通信行业与其他行业的相互连接提供了更好的网络体验，不仅能改善全球的智能环境，而且能为工业制造以及医疗、家居、出行等提供更为方便的体验。基于此，5G将连接更多行业，真正地实现万物互联。

互联网技术的再次提升，满足了全球整体数据流量激增的需求，中国5G产业巨大的商业价值也被开发出来。预计到2020年，中国仅仅基站建设投资规模就高达千亿元（见图4–3），5G产业的市场规模十分巨大。预计到2030年，5G将带动6.3万亿元的直接产出和10.6万亿元的间接产出。

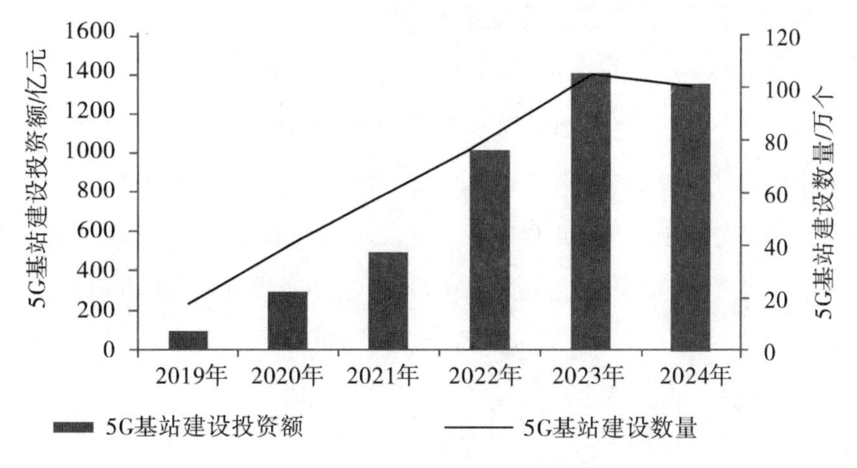

图4–3　2019—2024年中国5G基站建设投资规模

资料来源：中国产业信息网，《2017年中国5G产业未来发展趋势分析》，2017年8月29日。

伴随5G商业化应用的完成，中国5G产业的产出结构将出现一定程度的转化，以5G信息服务商为例，其营业收入随着5G基础设施的普及将大幅度增长（见图4–4）。

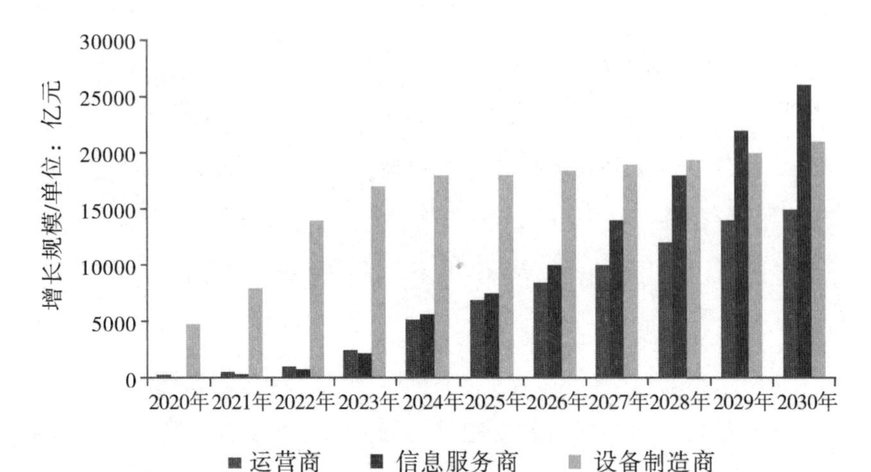

图4-4　2020~2030年5G运营商、信息服务商、设备制造商增长规模

资料来源：中国产业信息网，《2017年中国5G产业未来发展趋势分析》，2017年8月29日。

5G行业发展引发VR技术热潮

在《2018—2023年中国虚拟现实行业市场竞争现状分析与未来发展前景预测报告》中，介绍了2015年的VR投资数据。该报告显示，2015年下半年，中国VR领域的投资呈现井喷式发展，2015年全年共投资24亿元。

在投资方向上，2016年集中在头戴式VR设备和VR游戏、VR影视三个领域。艾媒咨询提供的报告显示，2016年中国VR行业规模为56.6亿元，预计到2020年，中国的VR行业市场规模将会达到556.3亿元（见图4-5）。

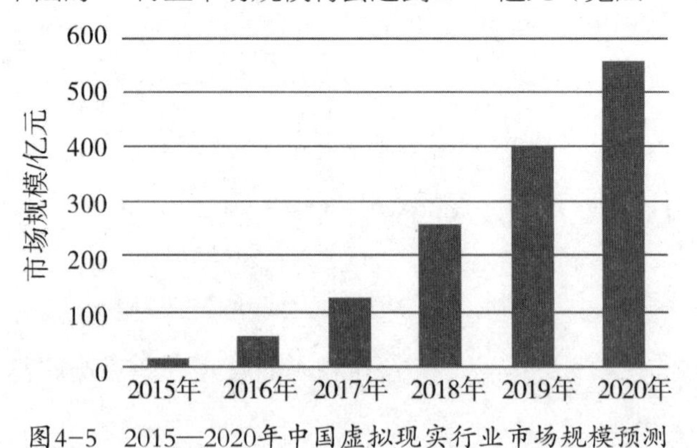

图4-5　2015—2020年中国虚拟现实行业市场规模预测

资料来源：中国报告网，《2018—2023年中国虚拟现实行业市场竞争现状分析与未来发展前景预测报告》，2017年12月25日。

在收入构成方面，《2018—2023年中国虚拟现实行业市场竞争现状分析与未来发展前景预测报告》预估，到2020年，硬件收入占比大概为65%，但是软件的占比会越来越大，所以软件内容开发商会有较好的增长机会（见图4-6）。

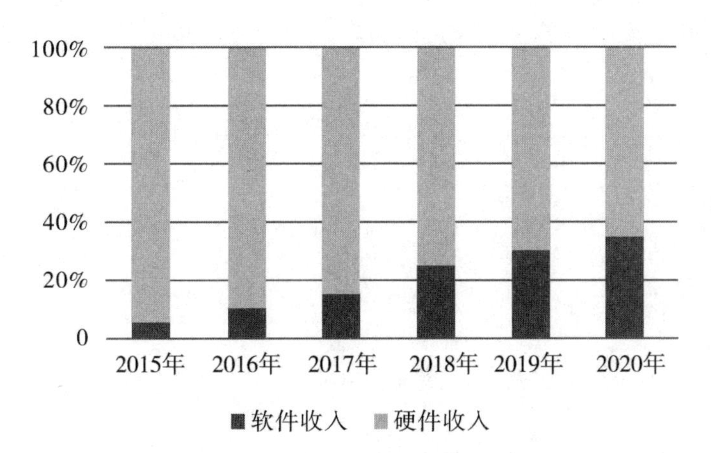

图4-6 2015—2020年虚拟现实行业收入构成占比

资料来源：中国报告网，《2018—2023年中国虚拟现实行业市场竞争现状分析与未来发展前景预测报告》，2017年12月25日。

美国的VR产业也被激发起来。2015年11月，一直把VR直播作为主业的美国公司NextVR获得3050万美元的A轮投资，参投方为金州勇士队等球队的老板彼得·格鲁伯、全球最大的电视直播活动节目制作商和经营商之一的迪克·克拉克制作公司，以及The Madison Square Garden等。

公开资料显示，NextVR在2015年已获500万美元的投资，并与三星电子达成战略伙伴协议。该公司参与过许多知名的VR直播，如Coldplay演唱会、NBA揭幕战，以及2015年10月的总统辩论等。

当然，这些公司投资NextVR主要还是因为非常看好VR直播的商业前景。NextVR在获得投资后，自然会把资金用来开发VR内容。

众所周知，VR内容的匮乏，无疑是阻碍VR产业大爆发的一道非常大的壁垒。这已经成为行业的共识。而上述投融资数据则显示了企业和资本方要突破这一壁垒的决心。

（1）VR头显：头上的较量。

2015年，当脸书持巨资并购Oculus的新闻发布会被报道后，VR头显就如雨后春笋般涌现。尽管VR头戴设备的市场竞争激烈，可谓是硝烟弥漫，却缺乏有代表性的产品，当时甚至有研究者称：至今都没有一款能够“一统天下”的产品。

早在2015年，国内外厂商就都蠢蠢欲动，中国的一些创业公司屡屡“亮剑”，研发出自己的新产品。

研究发现，当前市场上的VR头显分为三类：PC（个人电脑）端头显、移动端头显和一体机头显（见图4-7）。

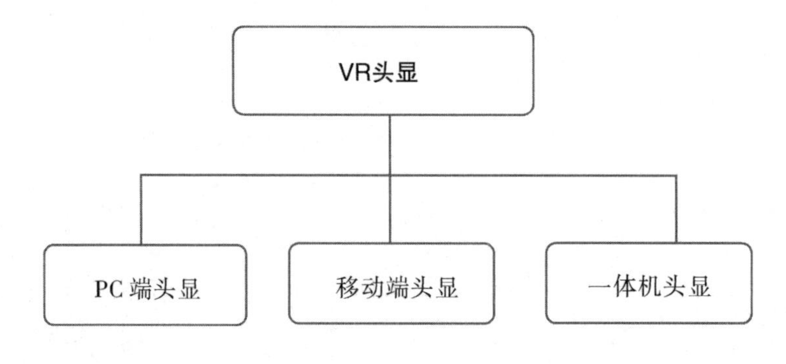

图4-7　VR头显的分类

①PC端头显。

在PC端头显中，以Oculus、Sony Project Morpheus与HTC Vive为代表，可以说呈三足鼎立的态势。

在这三家VR企业中，Oculus的知名度最高。2016年，这三家VR企业都发布了消费者版VR产品。因此，有研究者把2016称之为“VR头显元年”。

2015年，Oculus发布的开发版尽管出现分辨率不高、运动追踪方面暂不完善等诸多问题，但是由于Oculus VR有着为业界所称道的参数，且可优先使用Oculus所打造的VR生态圈的资源，因此，Oculus VR被VR领域誉为无可取代的参考范本。

在中国，大朋头显、灵镜小黑、3Glasses、蚁视头盔分食了PC端VR头显产品市场。2015年，乐相科技发布了自己的产品——大朋头显，该产品与Oculus DK1、Oculus DK2全兼容，并且采用的是与Oculus VR合作的三星Super AMOLED显示屏，因此被用户誉为中国企业研发的最接近Oculus VR的产品。

②移动端头显。

随着智能手机的普及，越来越多的公司不愿错过涉足移动端头显的商业机会。在手机领域，销量霸主三星就推出了自己的移动端头显Gear VR。

据悉，Gear VR被誉为目前市面上优质的移动端头显代表之一。Gear VR适配三星旗舰手机，用户通过头部即可实现动作操控和感应器运作，如果连接上蓝牙游戏控制器，就会获得更接近传统游戏的体验。

谷歌也在研发移动端头显，相对于Oculus和三星，谷歌的移动端头显谷歌Cardboard相对廉价。

资料显示，谷歌Cardboard是一个由透镜、磁铁、魔鬼毡以及橡皮筋组合而成的，可折叠的智能手机头戴式显示器，提供虚拟实境体验。

与Gear VR相比，它甚至看上去有点傻气。不过，花较少的钱就能够体验VR产品，也让用户趋之若鹜。谷歌Cardboard的售价仅为20多美元。而在中国，同类产品有暴风魔镜、灵镜小白、VIR Glasses幻影等。在适配机型上，本土移动端头显大多都适配安卓、iOS、Windows Phone等较为常见的操作系统。

对于移动端头显的研发方向，Oculus联合创始人帕尔默·洛基研究认为："挣脱线缆束缚的移动端头显才是虚拟现实的未来。"

③一体机头显。

公开资料显示，当前一体机头显已经成为一种趋势。早在2015年初，让人惊艳的全息影像头盔HoloLens就让微软Win10预览版发布会火了一把。

HoloLens无须连接线缆，无须同步到终端，可独立使用。用户戴上HoloLens后就可以进入完全虚拟的世界，可以到世界各地乃至外太空肆意遨游。

（2）VR内容：玩法的革命。

在一些新媒体营销论坛上，VR内容创业成为一个新的亮点。的确，VR内容不仅关乎创业项目的本身，同时也会影响VR行业的极致体验。

为了解决内容缺乏的问题，一些企业早在2015年就开始启动内容创新，甚至有媒体报道称，VR内容已经不再乏力。

该报道举例称，在游戏方面，业界龙头Oculus在Oculus Connect上公布了9款首发游戏，以及11款支持Touch手柄的游戏，相比2014年只有Demo的情况，内容丰富了许多。

目前，市面上的VR游戏依然是以Demo为主。为了解决内容缺乏的问题，索尼和Oculus已公布，重点开发多人游戏的Demo。

在中国，TVR时光机、超凡视幻、天舍文化等公司已开始研发VR游戏，但巨人网络、盛大游戏等游戏巨头，则因VR游戏的研发需投入高昂的成本，依然在观望。

早在2015年，VR的商业潜力就已被激发出来，在影视业中，其表现也十分抢眼。2015年初，在美国圣丹尼斯影展上，Oculus电影工作室就展出了第一部VR电影——《迷失》。

据悉，Oculus在2015年推出一系列VR电影，如《斗牛士》《亨利》《亲爱的安赫丽卡》，等等。

这样的实例说明，VR发展的势头锐不可当。2015年9月，由Fox和Secret

Location联合发行的VR作品《断头谷虚拟现实体验》获得了艾美奖“互动媒体、用户体验和视觉设计”奖项。

此外，借助VR技术，泰勒·斯威夫特的360度交互视频*AMEX Unstaged*：*Taylor Swift Experience*也使她获得本人的第一个艾美奖。

同年，世界迎来了第一个虚拟现实电影节——万花筒虚拟现实电影节。万花筒虚拟现实电影节一共展出了20部影片，该影展从美国波特兰州开始，在美国、加拿大的10个城市巡回展出，时间是3个月。

当然，用户可以通过VR头显——Oculus Rift或三星Gear VR，观赏艾弗拉姆·德森执导的动画短片*The Last Mountain*、Christian Stephens制作的讲述遭受战争蹂躏的叙利亚城市阿勒波的360度全景视频*Welcome to Aleppo*。

同样是2015年，《霍比特人》与Jaunt合作，用户佩戴谷歌Cardboard即可获得沉浸式体验。为此，中国一些热门电影在预告片中也运用了VR技术，如电影《有一个地方只有我们知道》《一万年以后》，等等。

在影视业中，VR正在大踏步地前进，同时也给直播行业带来新的商业想象空间。如美国职业篮球联赛，早已开始试水VR直播。在演唱会方面，VR直播也进行得如火如荼。2015年10月25日，腾讯用VR技术直播了BIGBANG的演唱会，尽管该直播的清晰度不够高，但仍是点燃了一票粉丝的热情。

不仅如此，传统的媒体也把目光投向了VR。如《今日美国报》就用VR技术制作了海量的高质量专题，有描述美国家庭农场的《丰收之变》和《美国科罗拉多州韦尔滑雪锦标赛》，以及《塞尔玛抗议游行的360度视频》等，皆颇受好评。又如，2015年11月，《纽约时报》开发的一款应用程序NYT VR正式上线，同时《纽约时报》免费赠送百万用户谷歌Cardboard，用户可体验该应用程序内的五款VR视频。

（3）“VR+”正成为5G时代的一个风口。

2016年，VR产业不仅在穿戴设备方面迎来大爆发，在军事、娱乐、设计、展览、教育、工业、医疗、旅游等领域也同样大显身手。

资料显示，不论是伦敦博物馆还是北京故宫博物院，都为用户提供了虚拟现实观看的体验服务。谷歌也在VR领域推出了虚拟历史体验服务，不仅可以让用户到达虚拟世界中的庞贝古城、埃及金字塔，而且还可以让其到建筑物内部参观。

近年来，涉足VR旅游的公司早已布局，甚至已经盈利，如旅游公司托迈酷客，该公司已在欧洲的10个分店为用户提供VR体验服务。用户在选择好目的地后，只要戴上VR头显，用户就可以站在圣托里尼的酒店海风拂面的阳台上，或者坐直升机穿过纽约中央公园。

该公司内部资料显示，VR技术让其取得了不错的业绩，仅仅在纽约，其盈利就已经增加了190%。

万豪国际也曾推出过一项虚拟现实的旅行体验活动——“绝妙的旅行”。用户戴上Oculus Rift头显后，就可以置身于伦敦或是夏威夷的某个角落，其全过程皆四周360度无死角。

类似的VR商业模式在中国也遍地都是，如身临其境、乐客灵境等公司，它们整合了现有的VR软硬件产品，做成VR解决方案，输送给商场、公园、景区、游乐场等行业用户。

显然，虚拟现实与每一个传统行业的结合，都可以引发商业革命。随着人工智能技术的进一步成熟和完善，这样的商业变化无疑在召唤一个新时代的到来。

随着移动互联网的快速发展以及智能终端的普及，各个运营商都会拓展移动视频方面的业务，有的运营商的视频业务占比已经趋近50%，并且还在快速增长。

与此同时，基于VR、AR终端的移动漫游沉浸式的业务正逐渐成为增强型移动互联网业务发展的方向。5G低于20ms的端到端可保证时延及其云网络构架的优势，也为VR的进一步发展提供了技术支持。

另外，VR在零售、房地产、医疗、教育、建筑与工程规划设计等领域，也因广泛的市场需求而正在逐步形成产业链（见图4-8）。

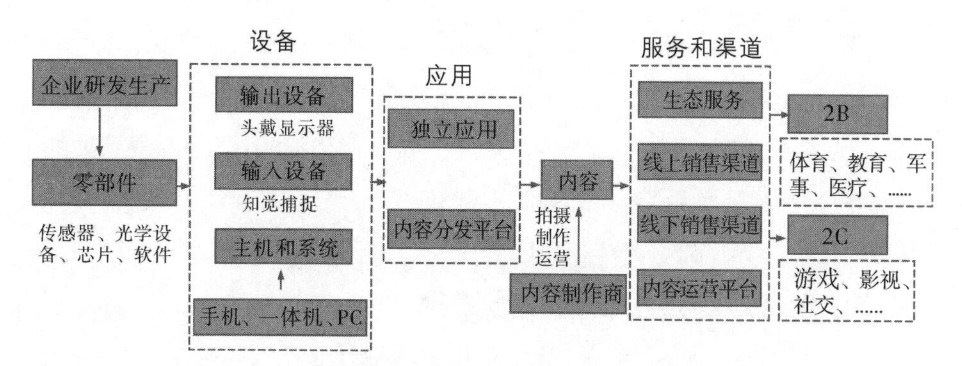

图4-8　VR行业产业链构成

资料来源：中商产业研究院，《一张图看懂虚拟现实产业链》，2016年4月6日。

5G技术的商用化将引发新一轮投资高潮

5G技术作为新兴的通用目的技术，其商用化无疑是一个潜力巨大的蓝海市场。5G技术普及后，会带动新一轮的投资高潮，使得5G技术扩散渗透到经济社会的各个领域，创造出新的信息产品和服务模式，打通传统产业的转型之路。

5G投资对经济增长的作用路径

根据经济增长理论，资本积累往往是推动经济增长的一个关键因素。与其他要素相比，资本要素对经济社会的拉动作用更为直接，也更为显著。

根据《5G经济社会影响白皮书》，5G投资对经济增长的作用路径主要有两条：

（1）投资需求路径。

在《5G经济社会影响白皮书》中谈到，作为总需求的重要组成部分，5G相关产业投资的增加，将直接拉动总需求，推动相关产业的良性发展。

5G技术的大规模产业化、市场化应用，前提是运营商网络设备的先期投入。当运营商投资5G网络及相关配套设施时，直接扩大了中国市场对网络设备的需求，还间接带动元器件、原材料等相关行业的发展（见图4-9）。

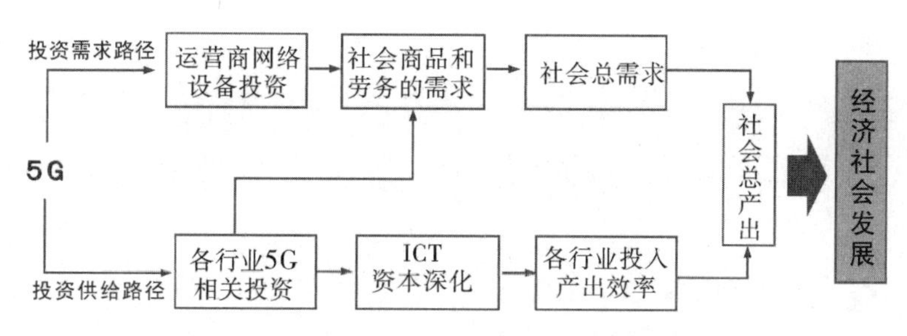

图4-9 5G对经济社会影响的投资路径

资料来源：中国信通院，《5G经济社会影响白皮书》，2017年6月14日。

（2）投资供给路径。

《5G经济社会影响白皮书》谈到，在此轮投资中，以技术、产品、人力等各种形式形成新的资本，既可以促进技术进步，又能提升生产效率。

由于5G拥有低时延、高速率、低成本的特性，因而推动各行业增加了相关投资，加大了ICT（信息通信技术）资本的投入比重，提升了各行业的数字化水平，进而可以提高投入产出效率，促进经济结构优化，推动经济增长（见图4-10）。

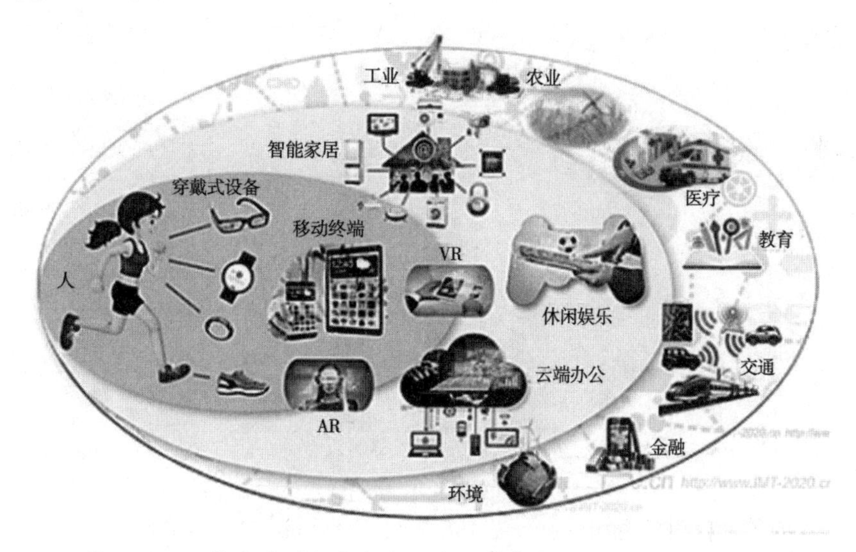

图4-10 5G将渗透到社会各个领域，带来生活上的极大变化

资料来源：中国报告网，《2015—2020年中国虚拟现实行业市场发展现状调查与未来发展趋势预测报告》，2017年12月25日。

①5G宏基站建设。

在当下的5G投入中，5G基站的建设占比较大，涵盖主设备以及配套的网络规划、建设、铁塔及传输等多方面，主设备包括射频器件、光模块、基站天线等。

中国的5G建设投资规模预计将达到7050亿元，较4G建设投资增长56.7%。具体的测算如下：截至2017年1月10日，中国现有4G宏基站约300万个，其中中国移动有144万个，中国电信有86万个，中国联通有70万个。

根据《2018年中国5G行业现状及行业发展趋势分析》，到2017年底，中国移动、中国联通、中国电信新增60万个4G宏基站，这意味三大运营商4G建网累计投资将超过4500亿元，单基站建设成本为12.5万元。

以此为基础，预估未来5G的宏基站量大概是4G的1.25倍，约为450万个。站在5G宏基站将大幅增加射频器件及天线使用量的角度考虑，预估单基站的建设成本大概为4G的1.25倍（已考虑宏基站成本随着建设上规模而降价），约为15.63万元。此外，业内专家预估5G小基站将达百万个规模，投资额达千亿元级（见图4-11）。

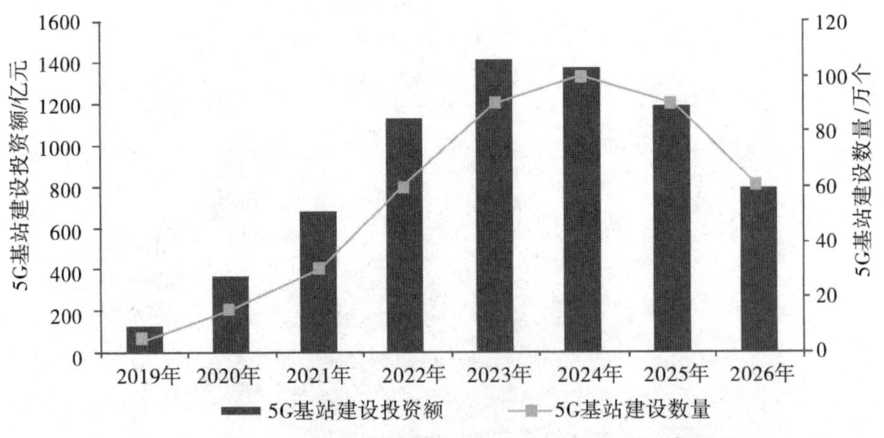

图4-11　2019—2026年中国5G宏基站建设数量及投资额预测

资料来源：智研咨询，《2017—2022年中国第五代移动通信技术（5G）市场运行态势及投资战略研究报告》，2017年1月11日。

尽管中国将在2020年启用商用5G，但是鉴于4G投资尚未收回，5G独特的应用场景虽然清晰，但是仍然有诸多不确定性。

为此，业内有专家判断，到2021年中国运营商才会启动5G大规模建设。该专家以中国移动为例指出，2017年，中国移动选了4~5个城市，每个城市大约建7个站点进行系统验证，形成预商用样机；2018年，中国移动选了数个城市，每个城市建大约20个站点做规模试验和物联网测试，形成端到端商用产品和预商用网络；2019年，中国移动的试验网会继续扩大规模，每个城市的站点量都会增加；2020年，中国移动的全网将达到万站规模，有效地实现商用部署。

②手机射频器件及终端天线市场。

在5G建设中，无疑会采用新的基带芯片，使用更多、更先进的射频器件及终端天线。业内专家预计，2019年起5G手机开始正式量产，将推动手机射频器件及天线市场规模达到855亿元（未考虑其他智能终端／物联网终端），较2018年增长30.5%，之后3年将持续快速增长。

众所周知，射频器件及终端天线作为无线通信设备的基础零部件，也必须随着通信技术的进步而完善。当智能终端配置的无线连接协议越来越多时，也间接地激活了射频器件行业与终端天线行业的持续成长。

美国Triquent预测数据显示，平均每部4G手机的射频器件价值为50元，是3G手机的射频器件的2倍，其中滤波器的价值约为26元，是3G手机的射频器件的3.2倍。倘若5G将新增1个无线连接协议，增加多个频段，那么单部5G手机的射频器件价值将为4G手机的射频器件的2.5倍，约为125元。

推高其成本的理由是，5G大规模地应用天线技术，至少需要8根天线（手机目前是2根天线），这样的变化，使得每部5G手机的天线成本将达到20元。

公开数据显示，每年的智能手机出货量大约为13亿部。未来手机的出货量会维持5%左右的增速。以此预测，2018年有少量5G手机出货，2019年起量，进而推动手机射频器件及天线市场规模达到855亿元，较2018年增长30.5%，之后三年仍将会快速增长（见图4-12）。

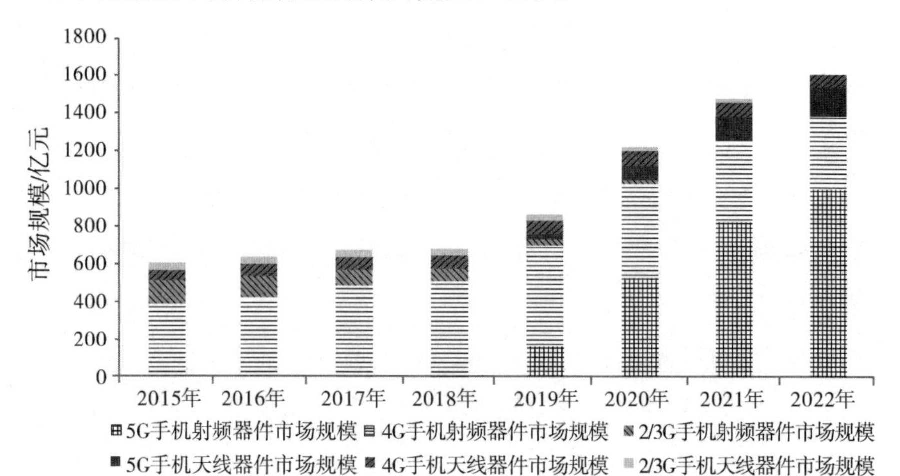

图4-12 全球2/3G、4G、5G手机射频器件及天线市场规模预测

资料来源：智研咨询，《2017—2022年中国第五代移动通信技术（5G）市场投资战略研究报告》，2017年1月11日。

5G对经济社会产生影响的消费路径

当前，中国最终消费对经济增长的贡献率超过60%，这样的数据说明，中国经济社会发展已经进入消费引领增长阶段。在5G时代，5G技术对扩大消费、释放内需的作用不容小觑（见图4-13）。

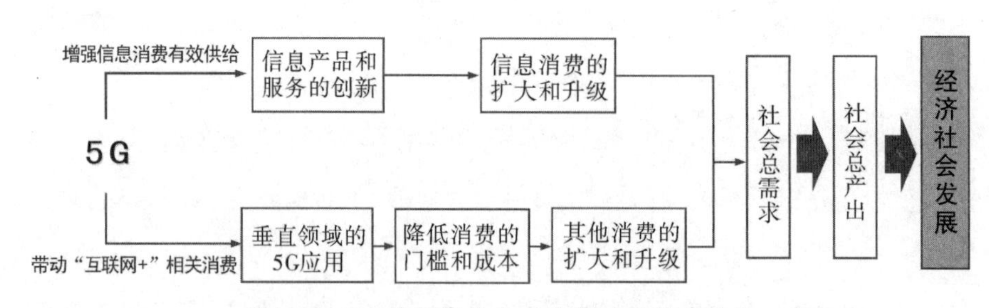

图4-13 5G对经济社会产生影响的消费路径

资料来源：中国信通院，《5G经济社会影响白皮书》，2017年6月14日。

从图4-13中不难看出，5G对经济社会产生影响的消费路径主要有两条：

（1）增强信息消费有效供给。

《5G经济社会影响白皮书》指出，5G 的应用将促进信息产品和服务的创新，让智能家居、可穿戴设备等新型信息产品，以及8K视频、VR教育系统等数字内容服务真正走进千家万户，增加信息消费的有效供给，推动信息消费的扩大和升级，释放内需潜力，带动经济增长。

（2）带动“互联网+”相关消费。

《5G经济社会影响白皮书》还指出，5G将能够在人们居住、工作、休闲和交通等各种区域，提供身临其境的交互体验，有效促进VR购物、车联网等垂直领域应用的发展，使用户的消费行为突破时空限制，真正实现消费随心。因此，当5G技术一旦大规模地应用，那么将有效带动其他领域的消费。

5G管道的升级对下游产业的影响是非常大的，究其原因，是5G网络打通新连接，下游应用层出不穷，有可能会是新一轮牛市的开端。

众所周知，通信网络是终端与终端、终端与服务器、用户与用户之间互连的管道，就像高速公路，把高速公路修建好，路上的机动车自然就多起来了。因此，在电信运营商进行网络更新换代时，一旦管道得到升级，其相关下游的应用也就更加丰富。比如，在2G时代，其下游仅仅只有语音和文字；在3G时代，其下游就有图片和微博等；到了4G时代，其下游就有了直播、在线视频等。

很多2009年以后不断涌现的互联网公司得以生存和发展，这离不开移动通信网络的大跨步升级。在这里，我们以3G为例，工信部统计数据显示，3G网络在我国启用的前3年，已直接带动投资4556亿元，间接拉动投资22300亿元；直接带动终端业务消费3558亿元，间接拉动社会消费3033亿元；直接带动GDP增长2110亿元，间接拉动GDP增长7440亿元。同时，3G的发展也增加了社会就业机会，3年里直接带动增加就业岗位123万个，间接拉动增加就业岗位266万个。

而4G则是引发了中国“互联网+”战略大变革，随之而来的5G，商业潜力更大：首先，与4G时代相比，5G时代除了人与人通信，还增加了人与物、物与物的智能互联通信，打开了终端连接市场，同时增加了高清视频、VR和AR、车联网、智慧城市、无人驾驶、无人机网络、大规模物联网等各种应用场景市场。其次，继续加强人与人的移动宽带通信，有望出现全息视频通话、VR和AR互动等应用。

运营商的5G投资路径

自从1999年第一次重组后，中国的基础电信运营商就形成七雄初立的格局。到了2002年的第二次重组，中国的基础电信运营商形成四大两小的格局，及至2008年中国基础电信运营商第三次重组，最终形成三足鼎立的格局。

中国的基础电信运营商在组织架构上经历了三次较大的重组后，基本奠定了目前中国电信、中国联通、中国移动三足鼎立的格局（见图4－14）。

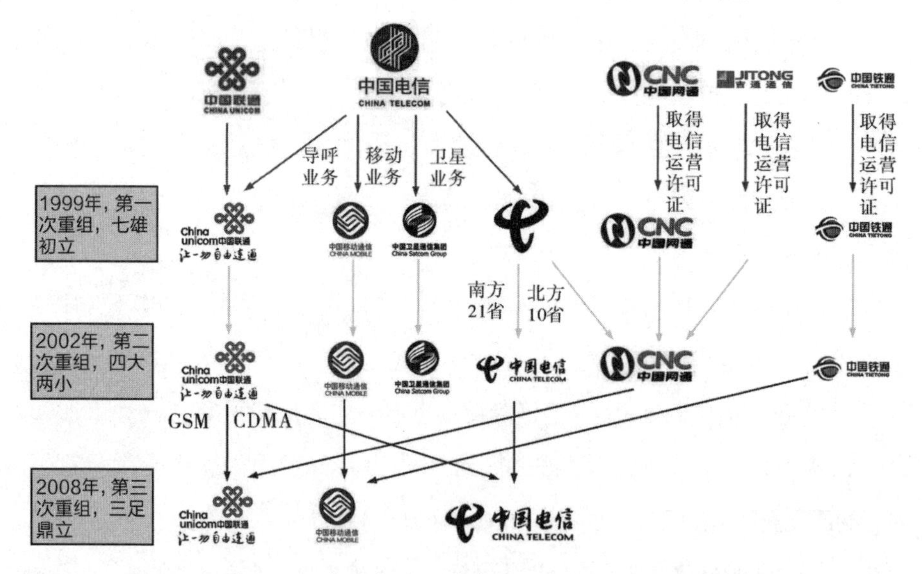

图4－14　中国电信运营商组织架构的三次变革

资料来源：中国产业信息网，《2017年中国5G行业发展趋势预测分析》，2017年9月25日。

中国基础电信运营商的组织架构改革，初衷就是打破垄断，实行资费市场化，为用户提供价廉质优的服务。

在变革中，除了组织架构改革带来的变化外，电信行业竞争格局的变化更多体现在网络服务能力的差距上，具体包括网络信号质量、网络运维服务能力等。

（1）2G时代。

由于中国移动拥有先发优势，率先建立了完善的通信网络，因此用户数量快速增长，市场份额也得到了扩大，至2009年初，中国移动的2G用户数达到4.6亿户。中国电信和中国联通两家共计1.6亿户。

（2）3G时代。

2009年，中国政府向中国移动、中国联通、中国电信三家运营商发放3G牌照，中国联通得到WCDMA牌照，中国移动得到TD-SCDMA牌照，中国电信得到CDMA2000牌照。

在当时，中国联通得到的WCDMA牌照是全球较为成熟的3G标准，全球绝大多数运营商都在运营。因此，对于中国联通来说，得到WCDMA牌照，意味着成本最低，手机款式最多，价格上也有相应优势。

CDMA2000的专利权被高通所垄断，其成本相对较高，手机款式远少于WCDMA制式。TD-SCDMA虽然是中国政府力推的通信标准，但是由于技术不够成熟，在当时尚未有成熟的芯片，中国移动为此花费了数年时间和巨额资金进行开发。

在3G时代，中国联通凭借WCDMA牌照的优势获得了快速发展。

（3）4G时代。

经过了短暂的3G时代，2013年12月，中国政府向中国移动、中国联通、中国电信三家运营商发放4GTD-LTE牌照。其后，中国移动快速启动了4G建网工作，仅仅在2014年1年的时间里，就建设了60万个4G基站，远远超过中国联通和中国电信，因此获得竞争优势。

为此，有专家撰文指出："电信业就像是一场接力赛，再厉害的短跑选手，一旦接棒不慎，就可能输掉比赛。"

在4G时代，中国移动的竞争优势较为明显，中国联通和中国电信的增长较为乏力。财报数据显示，2016年中国移动净利润达1077亿元，远超中国联通与中国电信之和181亿元。

公开资料显示，截至2008年底，在2G用户占有份额格局上，中国移动占绝对优势（见图4-15）。

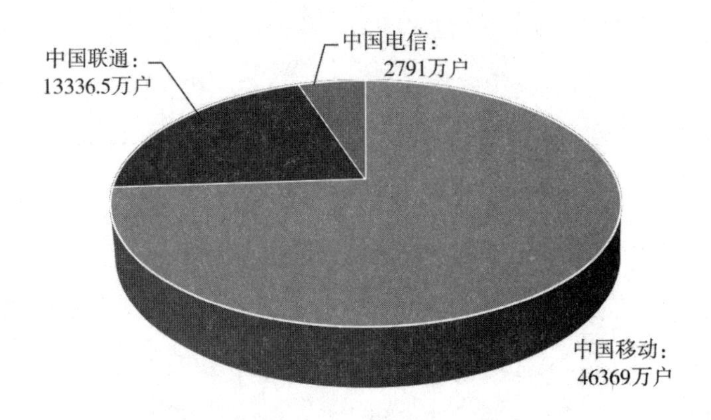

图4-15　2008年中国移动、中国联通、中国电信的市场占有量

资料来源：中国产业信息网，《2017年中国5G行业发展趋势预测分析》，2017年9月25日。

经过几年的竞争，截至2013年底，在3G市场占有量上，中国电信、中国联通凭借网络技术制式终于扳回很多市场份额（见图4-16）。

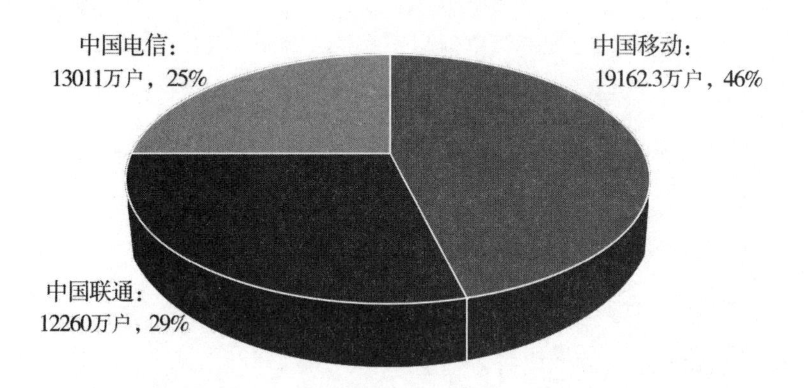

图4-16　2013年底中国移动、中国联通、中国电信的市场占有量和占比

资料来源：中国产业信息网，《2017年中国5G行业发展趋势预测分析》，2017年9月25日。

在3G时代“败走麦城”的中国移动吸取教训，及早地布局4G。截至2016年底，在4G市场占有量上，天平再次向中国移动倾斜（见图4-17）。

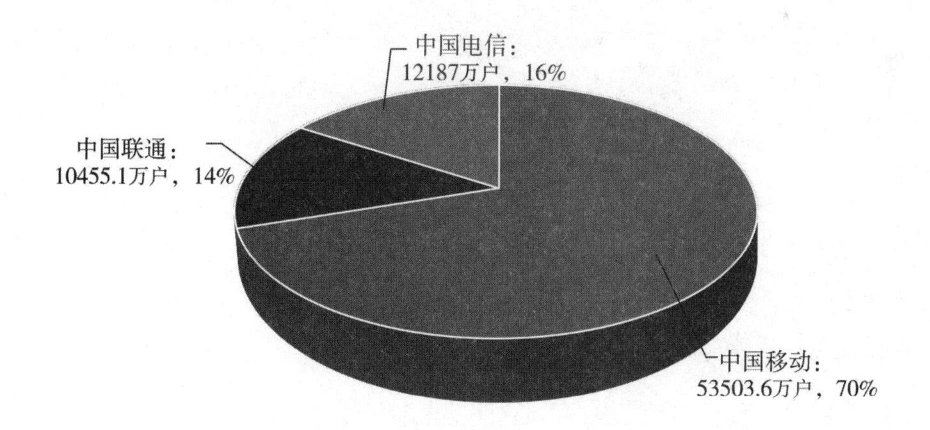

图4-17　2016年底中国移动、中国联通、中国电信市场的占有量和占比

资料来源：中国产业信息网，《2017年中国5G行业发展趋势预测分析》，2017年9月25日。

（4）5G时代。

中国移动作为5G领域研发的领头羊，积极参与并主导了多项标准的制定工作，投入巨额研发费用，取得了不错的业绩，在5G的技术贡献中占据了半壁江山。

在3GPP牵头的5个立项中，中国移动独立牵头2项，合作牵头3项, 同时还主导大规模天线、无线辅助边缘计算、Polar/LDPC选择、NB-IoT方案融合的研究。

根据预定的计划，到2018年6月，中国移动完成5G第一版本所有的标准化工作，为实现5G全面商用打下基础。

当中国移动奋力发展5G时，中国联通也在突击5G。根据工信部的总体部署，中国5G基础研发试验于2016年到2018年进行，为抢占先机，国内三大运营商均早已展开前期布局。

中国联通表现得比较积极，预计2020年将实现联通5G网络商用。中国联通董事长王晓初在面对媒体时坦言，中国联通已经错失了4G时代的商机，但是绝不会再犯4G时代的错误。

王晓初介绍道：“我就职的三家公司——中国移动、中国电信和中国联通，我觉得尽管在同一个行业里面，但是每一家公司的风格，尤其是管理的方式是非常不同的。中国联通有中国联通的特色，而这个特色，我来了一年多一点，现在才了解大概百分之七八十，还有百分之二三十有待我不断去了解，但是我可以说，中国联通可以改进的空间很大，所以我们有信心让它变得更好。”

在王晓初看来，中国联通是中国三大运营商里面最弱小的。不过，中国联通已经激活创新和营销模式，通过聚焦资源全力推动5G网络建设。

在5G部署上，中国联通已连续2年投资累计超过2000亿元，2017年投资有所放缓。王晓初说道：“这是为了提高现在的资产有效利用率，使得公司的盈利状况改善，更主要的是为5G发展准备一部分资金。”

面对如火如荼的5G建设，曾任中国电信董事长的杨杰在任期间多次谈到，中国电信在积极响应国家“建设网络强国”的要求，通过建设100多万个4G基站，打造了一张高品质、广覆盖、质量优的精品4G网，有效覆盖人口的98%。

根据中国电信发布的2018年4月运营数据，当月中国电信4G用户新增586万户，累计用户数达2.0612亿户，新增用户数在三大运营商中排名第一。

在未来的5G竞争中，中国电信将通过有源室分覆盖继续提升用户体验并打造增值业务，并关注面向5G演进战略的提前布局，以此打造自己的竞争优势。

运营商的5G投资增量

根据《2018-2023年中国第五代通信技术（5G）行业市场分析及发展趋势研究咨询预测报告》，在A股的全部3190个上市公司中，属于中信一级分类通信行业的标的有107个，占比为3.35%。

如此体量的107个上市公司，大部分依旧是以三大运营商和广电运营商为基础开展商业行为的。

从这个角度来看，通信行业传统的投资逻辑集中在三大运营商和广电运营商每年的资本开支，也就是说，当运营商的资本开支较大时，通信板块相应公司的盈利状况通常就较好。

在中国移动、中国电信、中国联通三大运营商资本开支中，无线网络、有线网络的投资占比超过了60%。其中，无线网络包含2G、3G、4G、5G网络，具体投入包含无线通信基站的工程及设备费用；有线网络是指运营商的有线基础网，具体将分为骨干层（骨干网）、汇聚层（城域网）和接入层网络，接入层网络最贴近终端用户，即家庭或者企业日常所用的固定有线上网网络，如ADSL、光纤网络等（见图4-18）。

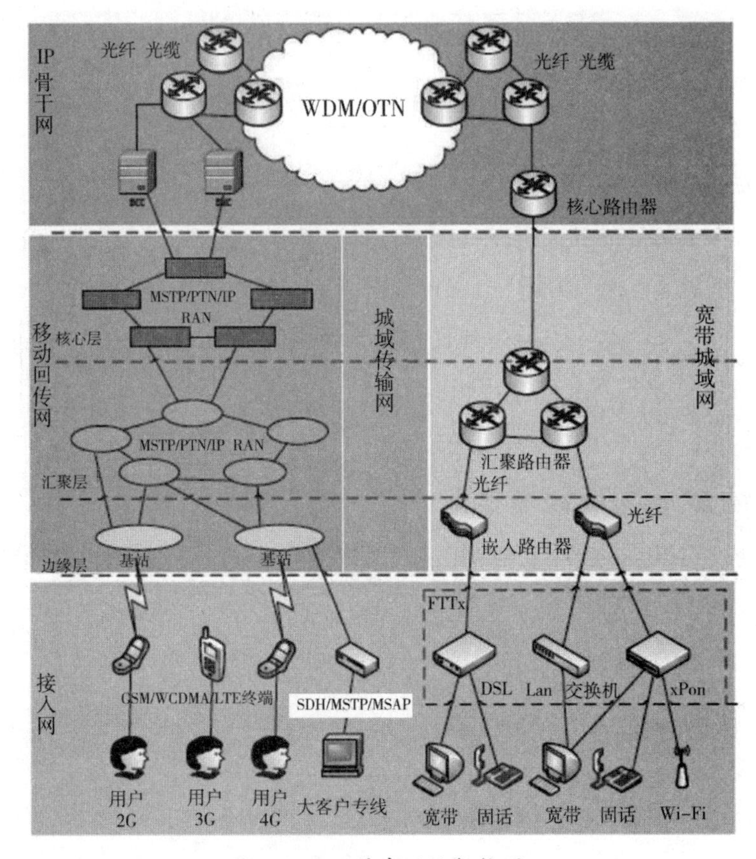

图4-18 运营商网络架构图

资料来源：中国产业信息网，《2017年中国5G行业发展趋势预测分析》，2017年9月25日。

中国移动、中国电信、中国联通三大运营商的资本开支中，重点在如下两个方面：①有线网络建设，即数据传输网、宽带接入网等建设。②无线网络建设。按照3G、4G、5G网络建设的习惯做法，第一年为投资高峰期，其后会逐年下降。因此，目前运营商的资本开支集中在5G网络建设板块。

根据第41次《中国互联网络发展状况统计报告》，截至2017 年第三季度，基础电信企业都在继续加快移动网络基础设施建设，前三个季度累计新增移动通信基站44.7万个，总数达604.1万个。其中4G基站累计达到447.1万个，占比达74.0%，移动网络覆盖范围在持续扩大，服务能力在持续提升（见图4-19）。

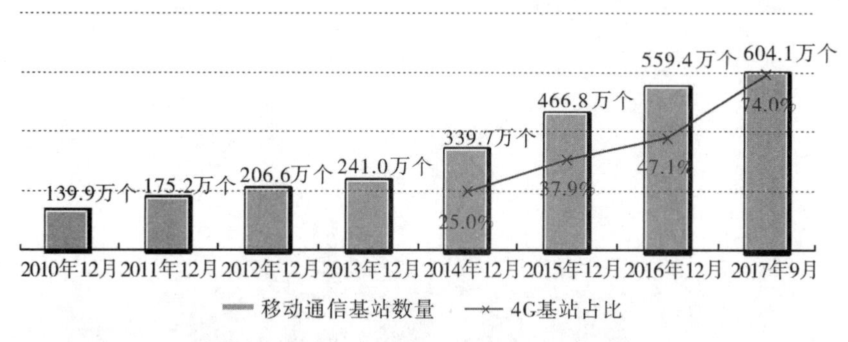

图4-19　移动通信基站数量及4G基站占比

资料来源：CNNIC，第41次《中国互联网络发展状况统计报告》，2018年1月31日。

在这里，我们来看看2011—2017年中国移动、中国电信、中国联通的资本开支情况：

（1）2011—2017年，中国移动的资本开支集中在移动通信网和传输网上（见图4-20）。

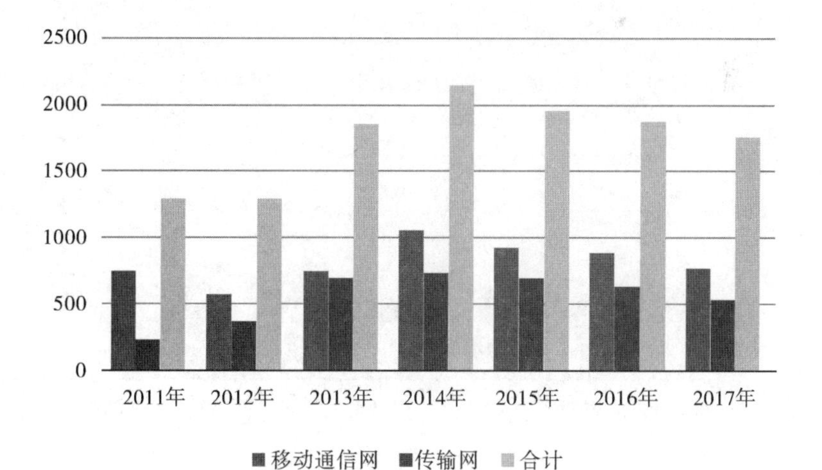

图4-20　中国移动2011—2017年的资本开支情况（单位：亿元）

资料来源：中国产业信息网，《2017年中国5G行业发展趋势预测分析》，2017年9月25日。

（2）2011—2017年，中国联通的资本开支集中在移动通信网和传输网上（见图4-21）。

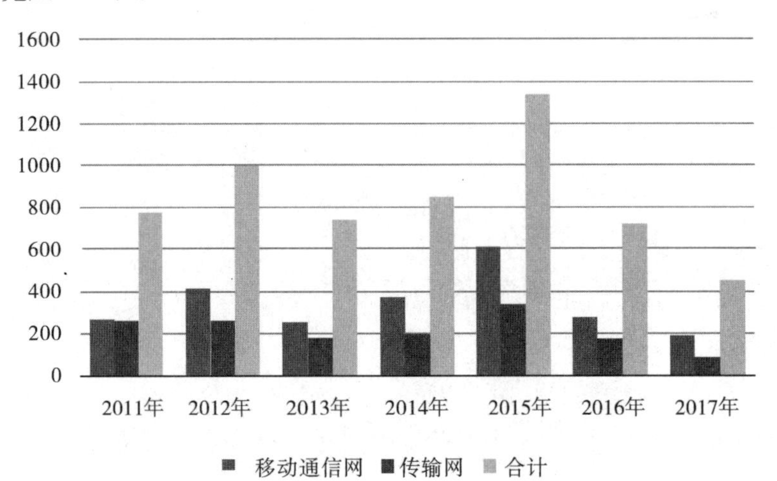

图4-21　中国联通2011—2017年的资本开支情况（单位：亿元）

资料来源：中国产业信息网，《2017年中国5G行业发展趋势预测分析》，2017年9月25日。

（3）2011—2017年，中国电信的资本开支主要集中在移动通信网和传输网（见图4-22）上。

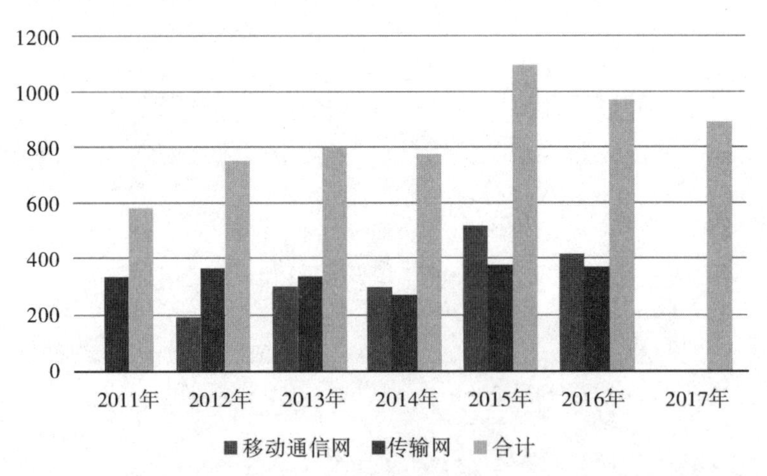

图4-22　中国电信2011—2017年的资本开支情况（单位：亿元）

资料来源：中国产业信息网，《2017年中国5G行业发展趋势预测分析》，2017年9月25日。

5G来了，面临商业革命的产业在何处

任何一个时代，都是时势造就英雄。回顾通信的历史发展，从诺基亚引领的功能手机时代开始，到后来的苹果引领的智能手机时代，通信技术经历了2G时代、3G时代、4G时代，如今即将到来的5G时代，其趋势势不可当。

在2G到4G的历程中，用户沟通的载体也在悄然变化着，早已从文字短信、图片传送向语音通话、视频连接、各类直播等转变，不仅如此，用户刷微博、看视频、录直播的传输速率和加载速度也在日益增快。

由于用户需求的变化，对于后4G时代的带宽和速率来说，通信网络已经无法持续满足用户需要，这就是5G为什么能够迎来春天的直接原因。相对于4G，5G的技术要求可以说是发生了翻天覆地的变化。

万物互联：5G产业的商业价值

与2G、3G、4G不同的是，5G不仅解决了人与人之间的通信问题，同时还解决了人与物、物与物之间的互联问题。在国际电信联盟接纳的5G硬性指标中，除了对原有峰值数据速率的要求外，还对5G提出了七大指标：用户体验数据速率、频谱效率、流量密度、移动性、能量效率、连接密度和时延。

研究发现，解决了5G的八大性能，无疑就解决了企业的诸多痛点，同时也能与众多垂直行业合作，其商业价值巨大。

当然，要想实现5G的万物互联，就必须解决后台问题。华为Cloud BU总裁郑叶来坦言："实现5G的万物互联，瓶颈在后台。"

郑叶来进一步解释："4G偏重的是人与人之间的互联，而5G则偏重人与物、物与物之间的互联，最后真正地实现万物互联。同时，诸多5G业务要求达到高速率的万物互联，而这将给运营商后台数据中心带来极大的挑战。”

在郑叶来看来，解决5G典型应用场景，瓶颈就在后台，所以必须提高后台的处理能力。对此，华为就考虑到5G到来时巨大数据处理的挑战，其结合人工智能技术，通过在架构、平台和硬件三方面对云数据中心进行创新，助力运营商加速推行全云化，以实现商业成功，从而有效地解决5G典型应用场景（见图4-23）。

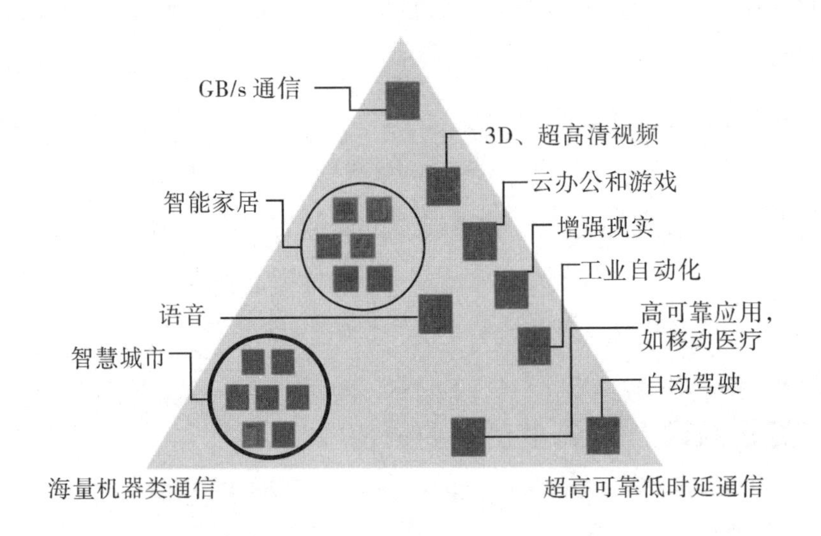

图4-23　5G典型应用场景

资料来源：中国信通院，《5G经济社会影响白皮书》，2017年6月14日。

基于此，5G的使命是真正地帮助整个社会实现万物互联。例如，无人驾驶、云计算、可穿戴设备、智能家居、远程医疗等海量物联网。一旦5G发展到足够成熟的阶段时，就能实现物与物互联、人与物互联。当下的新技术革命的人工智能、新的智能硬件平台VR、新的出行技术无人驾驶、新的场景万物互联等颠覆性应用，在5G高带宽和低时延的推动下，其商业价值无疑是巨大的。

5G产业的超级投资风口

作为万物互联的基础，5G无疑是万物互联时代的超级信息管道，不仅引发信息革命，同时还会自上而下地对下游的新硬件（如VR）、新行业应用等的商用提供合适的土壤，由此成为下一个投资风口，甚至有专家乐观地预计，5G将无可争议地成为未来热门产业投资主题。其理由如下：

（1）5G已经成为中国国家战略。在2017年3月的“两会”期间，李克强总理在《政府工作报告》中专门提及第五代移动通信技术（5G）对于国家未来发展的重要性；在国务院发布的《“十三五”国家信息化规划》中，十六次提到了“5G”。这些官方文件的发布，说明我国政府有志在5G网络关键技术上让我国走在世界前列。

（2）5G已成为产业界的争夺高地。在中国国内，以中国移动、中国联通、中国电信三大运营商为主体的各种竞争日趋激烈。在4G时代，中国移动、中国联通和中国电信都推出了自己的子品牌，中国移动在中国国内市场依旧保持领先地位，暂时落后的中国联通和中国电信已纷纷发力5G，由此拉开了新一轮产业竞争的帷幕。

（3）5G是推动移动技术进入通用领域的催化剂，也是通信领域自上而下竞争格局的重塑之机。在通信领域，通常都是基础设施先行。以4G为例，在过去几年中，“宽带中国”等硬件建设潮催生了中国海量的光通信（包括光纤光缆、光模块、光器件等）市场。同样，在5G的投资规模、竞争格局上，依旧会发生巨大变化。在中国通信产业链上，曾经历了2G空白、3G跟随、4G同步的路径，未来中国将在5G关键技术上逐步引领全球。

当5G标准呼之欲出之时，围绕5G的商业投资饕餮盛宴已经开始。有专家认为，5G与其他新兴产业一样，在资本市场同样会经历“概念—主题—成长”的三段式演进过程。

基于此，该专家认为，5G主题投资会在密集的技术推进事件中持续发力。而在此前，5G并没有引起A股投资者的重视，这是因为：

第一，缺乏爆破性的催化剂。以4G为例，2011年就开始孕育4G技术，但直到2013年12月，工信部才发放4G牌照。此刻，发放牌照就是爆破临界点的催化剂。在此前一段时间内，都是主题预热（以炒作预期为主），此后才是大规模建网、相关公司兑现业绩。

第二，A股2016—2017年整体偏看重股票所属公司本身市场价值和市场周期，此前热炒的VR、无人驾驶、OLED等板块均进入冷冻期，由于5G还尚未进入关键突破阶段，因此，此刻更难被提前催化。

当5G标准出台后，有专家认为，5G技术板块将会进入投资者的投资视野。该专家还以“5G投资主题已开启——中兴通讯上涨”为例证。

与华为黑洞式的影响力不同的是，通信设备领域曾经的巨头——中兴通讯可能容易被忽视。2017年上半年，中兴通讯更换管理层、股权激励、业绩预增、5G技术储备，系列组合拳和强有力的逻辑，已证实中兴通讯是5G产业周期的先行军（5G是大的通信周期，设备商是最重要的产业链环节之一）。

通过一系列的调整，在2017年上半年，中兴通讯的股价大幅跑赢指数（见图4-24）。

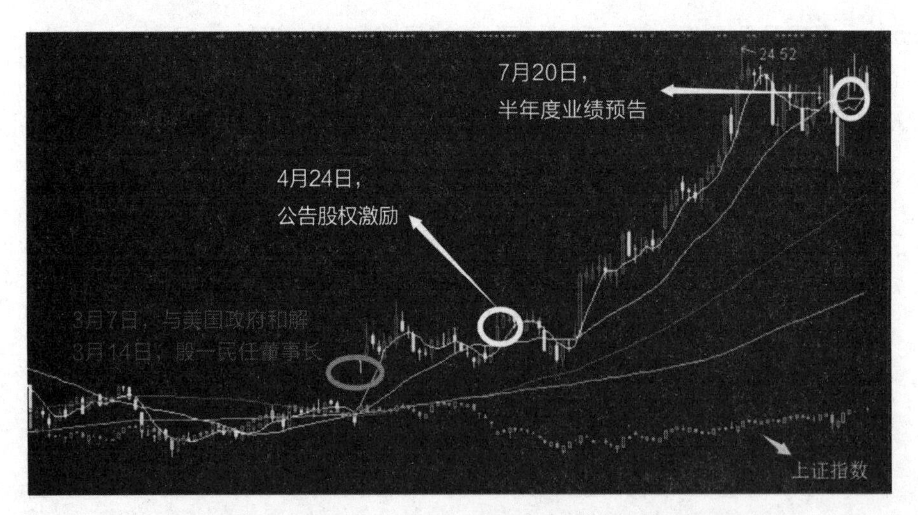

图4-24　2017年上半年中兴通讯的股价大幅跑赢指数

资料来源：澄泓财经，《5G全产业链深度分析之（一）：投资逻辑》，2017年8月5日。

尽管中兴通讯的股价大幅跑赢指数，但是却并没有凝聚5G其他标的共振，一个重要的原因就是5G目前仍处于后4G——Pre 5G时代，频谱划分、芯片—终端—网络设备的5G产业链没有真正闭合，加上2017年是后4G——Pre 5G时代的资本开支低点，涉及5G的个股，其业绩多数表现一般，2017年上半年其股价涨幅自然大幅落后于中兴通讯。

当然，引爆5G相关个股上扬，必须引爆5G的最大催化剂——5G牌照和频段发放（预计在2019年）。这样的判断依据是建立在4G的基础上的。让我们回顾一下4G时代：

2011—2013年，该阶段处于3G—4G的过渡期；

2014—2016年，该阶段处于4G的集中投资期；

2017—2018年，该阶段处于后4G——Pre 5G。

2013年12月，当工信部发放4G牌照后，运营商都发力建设4G，其后4G用户迅速增加，智能手机普及率呈爆发式增长。

2017年7月19日，工信部数据显示，4G用户已达到8.9亿户，占移动用户总量的65%；光纤接入用户占比已达到80.9%。

工信部总工程师张峰介绍，中国信息通信业和软件业保持较快发展，中国互联网行业景气指数稳步增长，软件业务收入同比增长了13.2%。一旦中国能够于2020年实现5G商用，这也是中国与国际统一规划的时间节点，就需要在2019年底发放5G牌照，类比4G渗透速度，预计到2022年，5G用户占比将达到60%（见图4-25）。

回顾3G、4G的重大投资节点，其引爆点都是以发放牌照为标志的。在牌照发放前一年，相关核心受益个股进入“涨预期”阶段；当牌照发放后一年，股价进入主升期。

按照3G、4G的逻辑，5G与4G一样，2019年我国计划颁发5G牌照和发放频段，到时将会成为引爆5G产业投资的催化剂，使之成为5G产业投资的标志性事件。

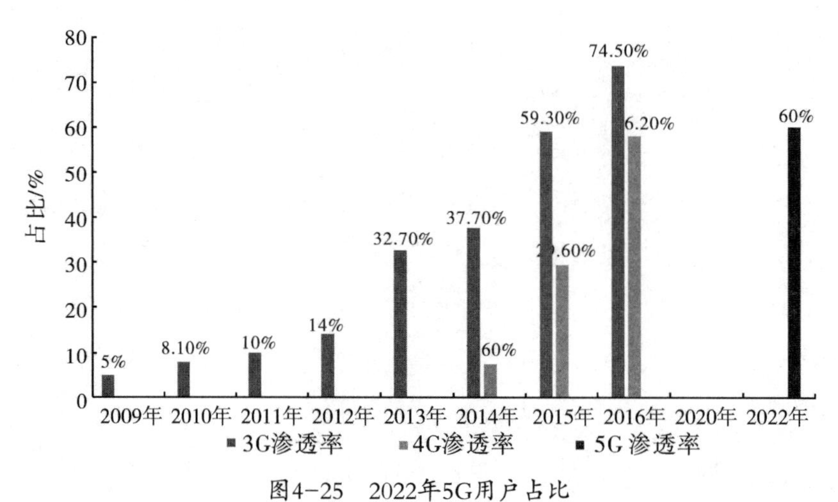

图4-25　2022年5G用户占比

资料来源：澄泓财经，《5G全产业链深度分析之（一）：投资逻辑》，2017年8月5日。

在此之前的2018年，“5G概念股”由此诞生。以此为基点，2018~2019年，Pre 5G的投资将带动部分企业提前进入增长周期，成为第一波业绩股。当2020年5G开始商用后，新一轮大规模商用将驱动5G产业链的上下游集中进入增长周期。

第五章 颠覆商业想象力

5G技术实现了万物互联，这无疑给世界带来了诸多影响，比如，借助5G网络和相关技术，可以让远在美国的医疗专家给中国西部地区的患者看病。

在5G时代，5G技术逐步普及，将网络连接到社会的每个角落，哪怕是遥远的边疆小镇，从而改变各行各业的布局，包括医疗、手机、电脑、汽车、家电以及农业等产业，其商业前景超越我们的想象。

大数据开启数字经济新时代

随着网络技术的深度发展，以此引发的大数据技术正在引起商业革命。按照我国《信息通信行业发展规划（2016—2020年）》，2020年，5G网络将正式商用。

海量的联网终端意味着海量的数据，随着大数据的商业价值被挖掘，5G为大数据提供了广阔的发展空间。

北京邮电大学网络智能研究中心主任廖建新认为，5G网络将推动大数据产业的繁荣发展，大数据从概念走向落地，5G将是催化剂。大数据平台作为数据中心、生产中心和开放中心，为互联网产业链与传统产业链上的角色提供数据接口和开放环境，为互联网、通信、教育、医疗、金融、交通、游戏、旅游、公共安全等行业提供智慧服务，促进了互联网行业和传统行业的共同发展。

5G时代大数据发展的四点显著变化

在5G时代，由于互联网的快速发展，以及物联网的迅速崛起，大数据所承载的业务形式自然就更加复杂、多样，不仅如此，数据的规模也呈现爆炸式增长，各种各样的数据叠加起来形成海量的数据，其中大数据中蕴含的商业价值则是大数据产业的核心财富。正因为如此，企业经营者利用大数据技术，有效地实现数据价值化，必然是大数据概念落地的突破口。

廖建新在接受媒体采访时坦言：“在5G时代，大数据的发展呈现了四点显著变化。具体是：第一，传统平台的架构主要做数据的抽样分析，大数据技术使全量数据的分析、挖掘成为可能，使数据分析的结果更具普遍性和通用性。第二，在传统技术环境下，计算资源不足制约了复杂分析方法和模型的建设，分布式的计算架构将这种制约基本消除，为机器学习乃至深度学习的普及提供了发展空间。第三，大数据开放平台正快速发展。对企业内部而言，这有助于企业数据的聚合和共享，减少了数据重复采集、处理和存储，降低了成本；对企业外部而言，打造开放共享的大数据应用生态环境有助于大数据对外变现和产业合作能力，能让数据产生更大价值。第四，数据可视化相关技术快速崛起，完善了大数据的产业链，使数据从采集、处理、分析到展现形成了一个完整的生态环。”

挖掘海量数据的商业价值

在5G时代，随着网络带宽和速率的提升，移动互联网的业务范围进一步拓宽，物联网、人工智能、VR等领域的创新应用将井喷式涌现。廖建新说道：“这必将带来数据体量、种类和形式的爆发式增长。目前还没有哪一种单一的计算平台可以有效应对如此复杂、多样、海量的数据处理挑战，需要综合运用多种大数据存储、计算架构，构建混搭式的大数据处理系统。”

在廖建新看来，在5G时代，那是万物智能、互联的时代，有海量的设备会接入网络，因此而产生海量的数据。廖建新理性地分析道：“数据本身价值有限，只有通过数据分析挖掘技术，从海量数据中提取有价值的信息，才能为企业和社会开启更多价值，推动效率和数据变现。”

面对海量、复杂的数据，企业经营者如何才能挖掘出大数据的商业价值呢？廖建新认为，机器学习为数据挖掘技术提供了必要的数据分析算法。近年来，随着机器学习的深入应用，已经为各个行业带来了巨大的市场价值和社会价值。

廖建新分析道：“5G时代必将赋予深度学习全新能量，深度学习是机器学习研究中的一个新领域，可从海量、复杂的数据中发掘数据间的弱关联关系，极大地提升数据模式识别能力，从而实现对高维数据、自然语言、语音、图像等复杂数据的深入洞察。深度学习作为人工智能的技术手段，将推动人工智能对于机器的感知、学习、推理、行动和适应真实世界。”

在廖建新看来，5G大数据让城市更智慧，尤其是在特色小镇火热的当下，有不少地方政府积极地在打造智慧城市，而在智慧城市建设过程中，大数据就是其中一个关键的部分。

廖建新坦言：“大数据技术是搭建开放融合的智慧城市信息服务平台的基础，能够基于先进的技术推动传统行业的转型。金融征信、城市服务、交通旅游、医疗卫生等行业，都可以借助大数据技术建立开放、共赢的智慧城市应用生态圈。”

在智慧城市的建设中，大数据发挥着重要的作用。

第一，金融方面。由于金融行业对大数据拥有高敏感性等特征，其创新的基础和金融安全的保障必须深入大数据的分析和挖掘。

第二，智慧交通方面。由于大数据拥有信息集成优势和组合效率，更有利于数据的同步采集和分析处理，能为市政交通提供精准的数据，为及时疏导交通线路，做好应急处置，提高服务水平打下了坚实的基础。

第三，智慧旅游方面。大数据可以为智慧旅游的发展指引方向。具体是通过数据准确地反映旅游的客源市场和产品，为智慧旅游精准营销提供数据的支撑。

第四，教育行业方面。由于大数据技术能对教育行业的潜在目标客户进行有效分析，因而可提供用户分布规律数据，为教育机构和消费者提供数据服务。

第五，医疗方面。一直被众人忽视的医疗行业，其实也是大数据一个重要的应用领域，可以通过数据分析和预测医院挂号人数、就医分布等情况，精准地实现分流疏导；有效地预测传染病扩散范围，开展疾病防控；通过“120”急救电话分析确定位置信息、整体分布情况，为合理部署救护车提供支持；协助医疗卫生机构识别医保骗取行为等。

5G的饕餮商业盛宴

大数据产业被企业家们誉为“21世纪金矿”，在这个蓝海市场的拓展过程中，吸引的不只是信息通信行业从业者们的目光，同时也聚集了各行各业的企业家们来掘金。

资料显示，中国大数据产业规模已达168亿元，并保持着年均约40%的增速继续发展。不仅如此，大数据由于自身的重要性，被中国视为国家战略性资源，支持大数据产业发展的各项政策不断地出台并迅速就位，为大力促进大数据产业的快速发展提供了政策支持。更为关键的是，伴随5G技术应用的到来，大数据发展不再局限在概念阶段，而是事实落地，从这个角度来讲，大数据资源变现的条件和方式将走向成熟。

当5G时代加速驱动万物互联时，物联网已经成为所有行业期待的下一个风口。咨询机构IDC认为，2020年，物联网的市场规模将达到1.7万亿美元。其最大的需求来自工业，届时“互联网+”“智能制造”等概念会加速变为现实。

研究机构乐观地预计，到2025年制造业物联网产值将达到2.5万亿美元。很多国家都在积极地开展相关物联网技术的研发和市场推进。比如中国三大运营商目前都在积极进行物联网建设。

中国电信曾在2017年6月宣布，已建成世界上覆盖最广的商业化窄带物联网。而中国移动、中国联通也在建设窄带物联网。

当物联网成为风口时，其无疑会聚集海量的联网终端，这就意味着会产生海量的数据。届时诸多的物理实体、具备联网功能的传感器，将把海量的、规模化的、不断采集的数据直接传入云中。例如，联网汽车、可穿戴设备、智能电视、无人机和机器人、自动售货机、白色家电、街头的停车计费表等，以及相关应用，都无疑会驱动数据量的增长。

由此可以预见，到2020年，全球的数据量将到达40ZB。这意味着，地球上每个人在每秒钟将利用1.7MB的数据。

当然，5G不仅会带来大数据产业的繁荣，同时也会带动产业链的迅速成长。连接、计算、存储、应用，产业链各个环节都将形成闭合。

2017年6月，高通与摩拜单车和中国移动研究院达成战略合作，启动中国首个LTE Cat M1/NB-1以及E_GPRS（eMTC/NB-IoT/GSM）多模外场测试。摩拜单车还与高通、爱立信、华为等顶级电信运营商和设备商共同建设了全球最大的移动物联网平台——摩拜大数据平台，该平台每天产生超过5TB出行大数据。

当然，这部分数据的分析利用有利于城市交通建设，可以方便人们的出行。与此类似，为了挖掘5G的蓝海市场，各个行业都在积极参与5G的饕餮商业盛宴。

应急响应和远程医疗照进现实

随着网络科技的跨越式发展，今天的人类正迈步在万物皆互联的道路上，要实现万物互联，5G就成为一种不可或缺的催化器。

5G带宽的扩容，促进了医疗行业的互联网化。人们生病后可以不用去医院排队挂号，只需佩戴远程医疗传感器就能将身体的健康数据传送给医护人员，在家中就可以直接与医护人员对话，有效地实现远程医疗。5G让应急响应和远程医疗照进现实。

5G让远程医疗成为可能

可能很多人觉得这样的事情过于虚幻，但是随着5G时代的到来，从前科幻电影中出现的场景正一步步地变为现实。

高通首席技术官马特·格罗布坦言："5G网络让远程医疗成为可能，医疗人员可以对病人展开远程诊断。"

在马特·格罗布看来，5G技术解决了时延问题，其滞后的时间很短，医生甚至可以在距离病人1000英里（1英里=1.60934公里）的地方利用机器人对患者进行手术。那些生活在偏远地区的患者则可以借助5G网络跨越半个世界接受专家的诊断。

三星5G网络业务副总裁金伍柱说道："你可以为你不幸身患癌症的母亲找来世界上最好的医生，这在几年前基本上是不可能的。"

在5G时代，用户的牙刷也不再只是一把刷牙，它有可能会实时显示出用户口腔的健康指数，并把相关数据传送到指定的口腔医生那里，真正地做到实时监控口腔健康。

可能读者还不了解这样的变化，我们拿一个现实案例来说明。

2016年1月，一段东北女孩在医院痛斥票贩子的视频迅速在互联网上传开。该女孩称："到北京看病，等一天都没挂到号。"面对如此快速的传播，中国中医科学院广安门医院官方微博做出了回应："（2016年）1月19日，女患者未挂上脾胃病科专家号，提出疑义并报警。为不影响正常医疗秩序和其他患者就诊，院方将其安排至其他专家处就医。经医院初步调查，无保安参与倒号行为及相关证据。警方已介入调查。"

中国的病人对这样的情形一定不陌生：在看病的过程中，病人多次穿梭在拥挤的人群中，挂号，排队检查，再去排队请专家看病。等专家诊断完，病人拿着专家开的处方，再去排队缴费，然后四处打听取药的药房，继续排队取药。病人拿到药后，几乎是身心俱疲。

随着"互联网+"服务的到来，这一切正在慢慢地改变着。网上挂号、在线疾病咨询诊断、远程会诊、电子处方、远程治疗康复、数字化健康管理等一系列新的看病方式已经开始出现、普及，丁香园、春雨医生、华康全景等许多机构通过各种模式切入医疗环节中。

在这场改变中，腾讯利用微信这个平台，已与中国主要的大中城市合作，及其与地方平台资源联合推出城市服务，涵盖公安、交管等政务服务和医疗、缴费等生活服务，让"互联网+"服务进入普通百姓家中。更有甚者如阿里健康，已将药房服务纳入"未来医院"计划中，逐渐推出医药就近配送、慢性病定期送药等服务。在不远的将来，线下药房与天猫医药馆将实施O2O模式，用户在线上下单后，线下药房可就近配送，所有医药零售企业均可加入。在病患者需要服务的任何节点，企业都可以提供全方位服务，这就是传统医疗行业的"互联网+"服务市场。当然，要提供"互联网+"服务，离不开手机、iPad、笔记本电脑等智能硬件。

所谓"互联网+"服务，是指在现代服务的基础之上加上"互联网+"的翅膀。研究发现，现代服务业大致经历了三个发展阶段：第一阶段，作坊或者匠人提供给顾客基础的服务，满足顾客的基本需求；第二阶段，企业、作坊或者匠人利用现代技术对传统产品进行创新，发现顾客潜在的未被满足的需求；第三阶段，“互联网+”服务，即在现代服务的基础上利用互联网、移动互联网技术丰富服务的内涵，拓展服务的外延，将市场上过剩的产能和需求有效地配置到更细分、更长尾的市场空间中。

在这个过程中，手机、iPad、笔记本电脑等智能硬件的麦克风、摄像头、传感器、定位功能都已经成为用户“触觉”的延伸。在购物、出行、用餐、娱乐、工作时，用户习惯性地使用这些智能硬件来消费，正是这种“习惯”，“互联网+”能为用户提供更深层次、更人性化、更具黏性、更具情怀的服务。

不仅如此，互联网技术还打破了服务的要素，在人、机、时、地、付等重要方面形成重组和重构，极大地整合了现有社会闲散资源，提高了市场效率，改善了消费体验。

具体到医疗服务中，远程医疗的实现，有赖于互联网技术的发展和医学传感器的不断改进。这就为患者即使是在家中，也可以通过传感器检测健康状况提供了条件。当然，患者需要更全面地制订个性化的健康治疗方案，仅凭借一个医疗传感器显然是不够的，此时就需要医疗物联网设备和传感器的组合。

随着5G时代到来，大规模医疗物联网生态系统会覆盖数百万台，甚至可能是数十亿台低功耗、低比特率的联网医疗和健康监测设备、临床可穿戴设备和远程传感器。此刻，患者的主治医生凭借这套系统就可以对患者的医疗数据实现定时搜集，以此对累积的多种数据进行分析，更加有效地对患者的身体健康状况进行管理或调整治疗方案，有效地提高诊断的准确性。不仅如此，那些注重健康的人群也可以通过医疗物联网设备监测自己的饮食和健康状况，更好地预防重大疾病。

除了VR医生，5G技术还可以让远程医疗服务成为现实

对于这样的变化，患者和医生之间的地域距离就不再是问题了。那些闻不惯消毒水，且不想去医院排队的患者，一般只需要一套VR设备就可以看病了。5G所带来的更高效的连接以及全新的增强型移动互联网数据传输速率，可以支持个性化的医疗保健应用和沉浸式体验，如虚拟现实和实时视频传输。

在无法实现面对面就医的情况下，医生只需要带上VR头盔或者眼镜就可以轻松跨越时间和距离，医生也可以通过3D/UHD视频远程呈现或UHD视频流来对病人进行远程诊疗。

有业内专家预测，医疗极有可能成为VR率先突围的行业。美国的加州健康科学西部大学就开设了一个虚拟现实的学习中心。

据悉，该中心由4种VR技术、2台zSpace显示屏、Anatomage虚拟解剖台、Oculus Rift和iPad上的斯坦福大学解剖模型组成。该校学生可以通过虚拟现实学习牙科、骨科、兽医、物理治疗和护理方面的知识。

“VR+医疗”还可以帮助医生进行大规模的手术练习，帮助医生克服感官和肢体方面的障碍。

业界批评谷歌眼镜无具体应用，面对质疑，谷歌眼镜研发了新的功能。《连线》杂志报道称，斯坦福大学研究人员正试图利用谷歌眼镜帮助自闭症儿童分辨和识别不同情绪，让他们掌握互动技能。该研究目前正处于临床试验阶段。

研究发现，将VR技术应用在医学上具有非常重要的现实意义。当用户使用VR时，可以建立虚拟的人体模型。借助于跟踪球、HMD、感觉手套，医学院的学生们能非常容易地了解人体内部的各器官结构。运用这样的技术比通过传统教科书学习高效得多。

20世纪90年代初，Pieper及Satara等研究者基于两个SGI工作站建立了一个虚拟外科手术训练器，主要模拟腿部及腹部外科手术。在虚拟手术中，包

括虚拟的手术台、手术灯，虚拟的外科工具（如手术刀、注射器、手术钳等），以及虚拟的人体模型与器官等。

用户借助于HMD及感觉手套，就可以对虚拟的人体模型进行手术了。由于技术的原因，该系统还需要进一步改进，如提高手术环境的真实感，增加互联网功能，使其能同时培训多个用户，或者可以在外地专家的指导下进行手术等。

除了解决治疗问题，5G技术还支持相关培训。QTI公司目前正在开发一种医学VR体验来训练学生诊断中风。利用5G，未来还可以开发更多类似的医疗培训工具。

事实证明，VR技术对手术后果的预测以及改善残疾人的生活状况，乃至新型药物的研制等都有极其重要的意义。

在医学院校中，学生可以在虚拟实验室中进行各种手术练习。利用VR技术，可以不受标本、场地等限制，也将大大地降低学生的培训费用。

一些用于医学培训、实习和研究的虚拟现实系统，仿真程度非常高，其优越性和效果是不可估量和不可比拟的。例如，导管插入动脉的模拟器可以让学生反复实践导管插入动脉时的操作；眼睛手术模拟器根据人眼结构创造出三维立体图像，并带有实时的触觉反馈，学生可以利用它模拟移去晶状体的全过程，并观察血管、虹膜、巩膜及角膜的透明度等。另外，还有麻醉虚拟现实系统、口腔手术模拟器等。

一些外科医生在真正动手术之前，可以运用VR技术，在显示器上重复地模拟手术，移动人体内的器官，寻找最佳的手术方案并提高熟练度。在远距离遥控外科手术、复杂手术的计划安排、手术过程的信息指导、手术后果预测及改善残疾人生活状况，乃至新药研制等方面，VR技术都能发挥十分重要的作用。

在5G时代，除了VR医生，5G技术还可以让远程医疗服务成为现实。例如，突发心脏病的患者可以快速地通过5G医疗物联网传感器向附近的医院发出求救信号。当附近医院的医生收到信号后，可快速地赶往患者所在地，确保在足够短的时间内对患者进行救助。在这种情况下，实现高效而稳定的数据连接尤为重要。

高通中国在一篇名为《当5G遇上医疗，未来将会是……》的文章中介绍，5G新空口旨在提供深度、充分的网络覆盖和高级别系统可用性，可将医疗传感器连接到多个网络节点，这有助于实现网络连接的高可靠性（1亿个数据包仅丢失1个）以及低延时性（最低为1毫秒），确保关键信息的传输，以上所说的紧急医疗情况可以优先进行传输。此外，5G生态系统还提供了强大的安全解决方案，例如无缝安全共享生物特征数据，可确保病人的隐私数据不被曝光或不存在其他安全风险。

5G引领汽车革命

当5G普及后，高速的带宽和低延时来临时，尤其是未来10年，汽车信息处理、通信、车辆控制，以及动力总成技术，会把电子和电气领域连接起来，汽车行业将迎来新一轮的创新热潮，催生5G背景下的智能汽车蓝海市场。

当电子和电气领域整合时，随之而来的是半导体电子元件和软件两大垂直领域供应商的高度融合。在未来，对于4G、5G等先进技术平台的大规模需求，无疑会让这些技术领域的供应商比仅仅专注于汽车制造的企业更具竞争力。

回顾2007年智能手机的革新

回顾过去的10多年，尤其是苹果创始人史蒂夫·乔布斯推出的iPhone，其技术影响非常深远。

2007年1月9日，史蒂夫·乔布斯发布第一代iPhone，并于2007年6月29日起正式发售。

这意味着iPhone这个具有划时代意义的智能手机横空出世。在当时，凭借Mac和iPod，苹果占据个人电脑和娱乐设备销售的领先地位。

iPhone的高调出场，意味着苹果开始涉足移动电话市场。尽管当时的移动电话技术相对成熟，但是还不足以让用户感到振奋。

为了解决这个难题，史蒂夫·乔布斯把个人电脑、娱乐、通信三个不同领域的技术结合起来，打造出了一款名副其实的智能手机。

在2003年，手机使用了WAP协议的浏览器，加上标准的黑白屏幕，也没有多点触控，很难使用。不仅如此，由于处理器的性能不够强劲，操作系统和应用的体验也相对较差。即使是第一代iPhone，如果不连接Wi-Fi，其常用的功能只有语音通话、发送消息、听歌等离线应用。

智能手机的变化意外地培育了成千上万个用户的使用习惯，唤醒了无处不在的高速连接网络体验需求。

2008年，新推出的iPhone和安卓智能手机都支持3G网络。在当时，诺基亚统治着手机市场，N系列的风光让诺基亚高层忘乎所以。

在Macworld大会上，当史蒂夫·乔布斯发布了第一代iPhone后，所有诺基亚高层都在嘲笑从未涉足过通信领域的苹果也能出手机，嘲笑iPhone没有键盘。

随后iPhone的表现让所有诺基亚高层震惊。通过一部小小的iPhone，史蒂夫·乔布斯改变了整个世界。

在史蒂夫·乔布斯的推动下，随之而来的智能手机技术进展十分惊人，移动网络的速度提升了1000倍，手机屏幕尺寸变大，分辨率大幅度提高，手机处理器的性能大幅提升，程序运行流畅，但其成本却在降低。

当5G时代来临时，今天的汽车行业将发生一场与智能手机相似的革命。技术的进步，消费者对车载电子信息和娱乐的渴求及其对安全性和低排放的要求，正引领着这一领域的变化。供应商正在迎接新的挑战和机遇，开始寻求市场增长点和产品差异化，以及更高的利润空间。

5G的超快连通性可以改变汽车行业

当5G时代来临时，由于5G具备超快连通性，这对于汽车行业的发展来说，可谓是一个巨大的机会。其中就包括福特、宝马、戴姆勒、丰田等高管参加巴塞罗那展会，了解更多有关5G网络的信息，这意味着5G技术正在改变着汽车行业。

Strategy Analytics（策略分析公司）分析师罗杰·兰多特在接受媒体采访时坦言："通信运营商想要确认网络连通性对于实现自动驾驶是必需的。全球移动大会则显示出另一种情况：运营商要么没有致力于研究这一议程，要么它们对于如何实现也不甚明了。”

在罗杰·兰多特看来，既懂汽车、又懂芯片的企业仅仅那么几个，如Mobileye。但是5G的大容量特点，满足了自动驾驶汽车传输大量数据的需求，至于如何去可靠地应用，这只是如何落地的问题。

在行业专家看来，5G不仅对智能手机有用，对汽车也十分重要。这正是5G时代的万物互联特征。

传统的汽车制造商，比如通用等都陆续地在旗下的汽车中安装了安吉星。安装该应用的优点是，驾乘该车的司机可以通过中控面板就地购买咖啡，在发生碰撞后，还可以得到自动求助服务、紧急救援服务、人工导航服务，以及车况检测服务。

这样的体验让更多的司机积极地安装其他汽车应用。当然，随着诸多车联系统的上线，通用汽车等汽车制造商也期望5G网络能够支持它们推出的各种汽车应用。

根据沙玛咨询公司的研究报告，2017年，更多汽车连接到美国无线基础设施，而不是与手机之间的互联。

随着5G网络的推出，汽车安全应用就需要异常迅速的响应速度，这就迫使运营商拿出部分网络切片，使得网络切片在5G网络中发挥重要的积极作用。在此次网络提速中，每个网络切片都很容易地配置网络元件和功能，满足了特定的5G应用需求。

作为电信及其他通信企业，它们能够满足无人车提供V2X（车联万物）所用的绝对可靠的网络，以及处理车载传感器搜集到的海量数据的电脑运算群。

高通汽车业务高级副总裁帕特里克·赖特在接受媒体采访时说道：“车联万物的互联性是我们在汽车行业所做的最激动人心的事情。如果不能连接到云，你将无处可去。”

基于此，汽车制造商也在积极地开展跨界合作。2018年1月，在CES展会上，福特高调地宣称，将与高通合作开发基于蜂窝通信的车联网技术，为即将到来的5G时代做好充分的准备。

无人驾驶：5G与计算的终极融合

业界普遍认为，理想的5G，必须满足三大场景网络需求，即eMBB、mMTC和URLLC（见图5-1）。

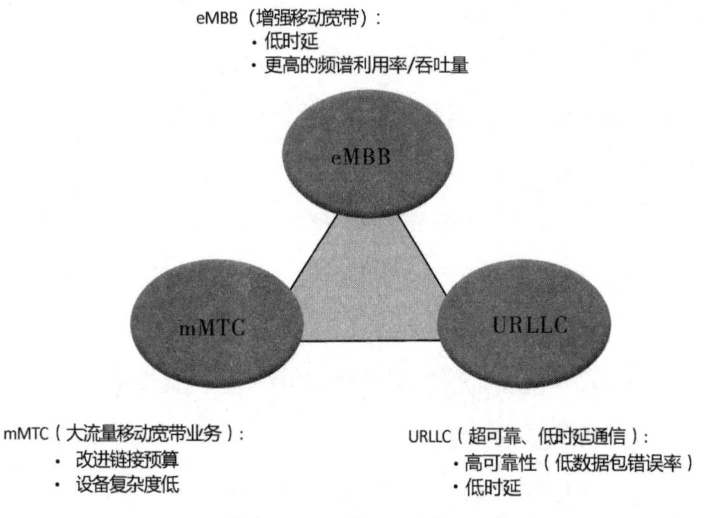

图5-1　5G的KPI要求

从图5-1中可以看到，eMBB对应的是 3D/超高清视频等大流量移动宽带业务；mMTC对应的是大规模物联网业务；URLLC对应的是无人驾驶、工业自动化等需要低时延、高可靠连接的业务。在这部分的业务中，5G是各行业发展创新的底层技术，其商业潜力十分巨大。

国际电信联盟指出，通过点击即可立即得到回应的低时延以及高可靠性通信技术，无疑会推动医疗、安全、商务、娱乐等行业的新型应用在未来的发展。未来的无线通信系统将实现机器与机器的直接交流和物联网的成型，并赋予人们更广泛的应用，例如移动云服务、应急和灾害响应、实时道路交通控制、使用车辆和道路之间通信技术的无人驾驶汽车，以及高效的工业通信和智能电网等。

在其中，无人驾驶汽车是出类拔萃的应用，很多跨国企业都有涉足，例如谷歌、百度、宝马、英特尔等，这让无人驾驶正一步步地实现落地。

无人驾驶汽车是智能汽车的一种，通过车内的智能驾驶仪实现无人驾驶。

2018年3月22日，北京市交管局向百度发放了北京市首批自动驾驶测试试验用临时号牌，三辆无人驾驶汽车正式上路测试。除北京外，上海、重庆等多个城市也先后出台了无人驾驶汽车路测政策，无人驾驶汽车项目如雨后春笋般不断涌现，行业热度迅速提升。

汤森路透知识产权与科技报告显示，2010~2015年，与无人驾驶技术相关的发明专利超过22,000件，并且在此过程中，部分企业已崭露头角，成为该领域的领导者。有媒体坦言："无人驾驶，是通信和计算在5G时代的价值交汇。"足以说明无人驾驶的商业潜力。

既然如此，无人驾驶将如何改变我们的生活呢？由于完全实现无人驾驶目前还阻力重重，无人驾驶是否真的会到来呢？

谈及这些问题时，我们必须要弄清楚无人驾驶技术的等级（见图5–2）。

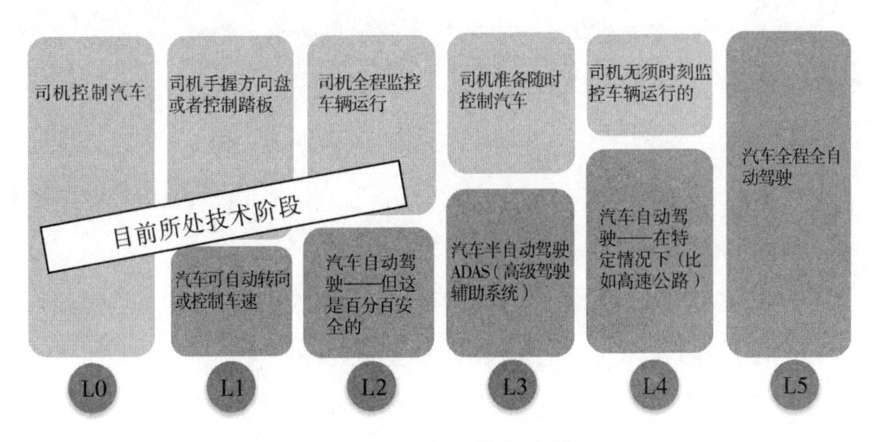

图5–2　无人驾驶技术的等级

资料来源：祁月，《无人驾驶时代真的会很快到来吗》，2016年11月7日。

为了领跑无人驾驶，英特尔与宝马开展合作。2016年8月，在英特尔信息技术峰会上，宝马联合英特尔使用一辆宝马i3成功地演示了无人驾驶功能。

英特尔非常看好无人驾驶汽车项目，其理由是，在提高交通安全、出行效率，节约资源等方面该项目都具有革命性的现实意义。这样的事实证明，无人驾驶已经成为通信和计算在5G时代的一个价值交汇点。

第一，作为目前风口的无人驾驶，不仅是科技企业追逐的一个热点，也是一个值得挖掘的前沿产业。预测数据显示，到2020年，无人驾驶或者装载无人驾驶辅助技术的汽车保有量将会达到1亿辆。另有数据显示，到 2025年，其产值将高达420亿美元。这无疑是一个巨大的蓝海市场。

第二，无人驾驶汽车将产生巨大的数据流量。2020年，无人驾驶汽车每秒将消耗0.75GB的数据流量。如此庞大的数据流量，无疑需要超高速率、超低时延的传输。此外，无人驾驶系统需要执行无数的内存密集型计算，这就对计算性能提出了苛刻的要求。

随着世界范围内2020年起5G将规模化商用，移动运营商纷纷将自己的5G计划落地。例如，英特尔作为横跨计算与通信的领导厂商，利用自己的优势与其他平台开展跨界合作。

2016年9月，当中国宣布完成5G技术研发试验第一阶段后，英特尔就是唯一一家获得证书的芯片厂商。

不仅如此，英特尔还开发了5G原型机等移动试验平台，广泛地参与了5G产业链的关键技术和项目的深度开发，且在5G标准的制定中处处彰显着自己的影响力。

在世界移动大会上，英特尔作为唯一能够提供5G端到端解决方案的厂商，展示了业界首款全球通用的5G调制解调器、面向无人驾驶的5G平台、第三代5G移动试验平台等最新技术。其中，多项技术都解决了5G技术应用的难题。

对此，英特尔5G业务和技术部门的总经理罗布·托波尔说：“我们经常说5G是后智能手机时代。除了关乎智能手机，它更多的是关乎其他业务，智能手机只是其中的一个部分，其他还包括无人驾驶飞机、家庭网络、AR，还有其他不但需要5G而且还会获益于5G的设备。”

为此，英特尔加大了与供应商的合作，推出移动边缘计算产品组合，其中包括25GbE英特尔以太网适配器、新版英特尔凌动处理器C3000产品系列、英特尔至强处理器D-1500产品系列和下一代英特尔QuickAssist适配器系列。

在应用方面，英特尔历史上第6任CEO科再奇指出，5G将成为访问云端和迈向“始终连接”世界的关键技术。英特尔全面布局云计算和智能互联，作为正在快速演进中的全球最智能的互联设备之一，汽车是英特尔布局万物智能互联时代的重要领域。事实上，5G和无人驾驶，是英特尔战略聚焦的八大领域其中的两个。

为此，曾任英特尔高级副总裁、首席战略官的艾莎·埃文斯感言：“我认为5G之所以激动人心，并不是因为我们已知的，而是因为我们尚未了解的……5G故事中的未知部分是我脑海里最激动人心的。随着相应技术的部署并在可靠的平台上进行测试，推出新产品和服务的机会将无穷无尽。”

移动互联网广告的变革

研究发现，移动端已经成为互联网广告竞争的新战场，尤其是即将到来的万物互联的5G时代，广告市场的商业潜力无疑是巨大的。5G时代不管是资费还是带宽，都比4G时代更具优势，而且人们越来越离不开移动互联网。基于此，移动互联网广告无疑获得了更多被关注的机会。

从这个角度来说，在5G时代，自然就迎来了移动互联网广告高速发展的黄金时期。对于互联网广告企业而言，经营移动互联网广告将成为其核心业务。

在这里，我们以盘石为例。盘石重视利用自身的大数据技术，更好地推广移动互联网广告。比如，盘石的全球移动联盟和中文移动联盟整合了全球各大移动Ad Exchange平台，凭借数万个App（应用程序）和Wap站点联盟，广告投放可覆盖全球大部分国家和地区，结合优质的LBS服务，能够帮助中小企业一步跨入全球移动营销网络。同时，还以其无与伦比的大数据运算能力，在人群、地域、兴趣、行业等八大方面实现定向精准投放。

从某种程度上讲，盘石在移动互联网广告推广方面，已经画出了一幅美好的蓝图，为即将来临的5G时代做好了充分的准备。不仅如此，互联网广告还将在多个领域实现融合。理由是，在5G时代，万物互联，届时互联网将渗透到各行各业及人们的日常生活中。这时候的互联网广告无疑会赢得更多的战略机遇，被更多行业所关注。

在大数据支持下，移动互联网广告的营销效果会更好

互联网数据研究机构We Are Social和Hootsuite共同发布的“数字2018”互联网研究报告显示，在2017年的同一时间，全球网民数量已突破40亿人，

超过了世界人口总数的一半，在短短的一年时间内，便增长了近2.5亿人。

在报告中还提到，由于企业提供了更经济实惠的手机和更便宜的流量资费，让用户数量大幅度提升，2017年有超过2亿人获得了他们的第一台手机，全球76亿人口中的2/3现在拥有手机。不仅仅用户数量在增加，在过去的12个月里，用户在互联网上花费的时间也增加了。

GlobalWebIndex的统计数据显示，当前普通互联网用户每天大约花费6小时在相关的设备和服务上，约占一天中1/4的时间。

在2017年，每天大约有100万人首次使用社交媒体，相当于每秒有超过11个新用户。在2017年，全球使用社交媒体的人数增长了13%，中亚、南亚地区增长最快，分别增长了90%和33%。此外，印度的社交媒体用户年均增长率达到31%。

这样的数据与eMarketer2015年的报告一致。在eMarketer2015年的报告中，就谈到了移动互联网巨大的蓝海市场——2015年网民数量达到30亿人，智能手机用户数量超过20亿人，其中中国用户占比为25%。在20国集团中，持有智能手机的用户相对普遍（见图5-3）。

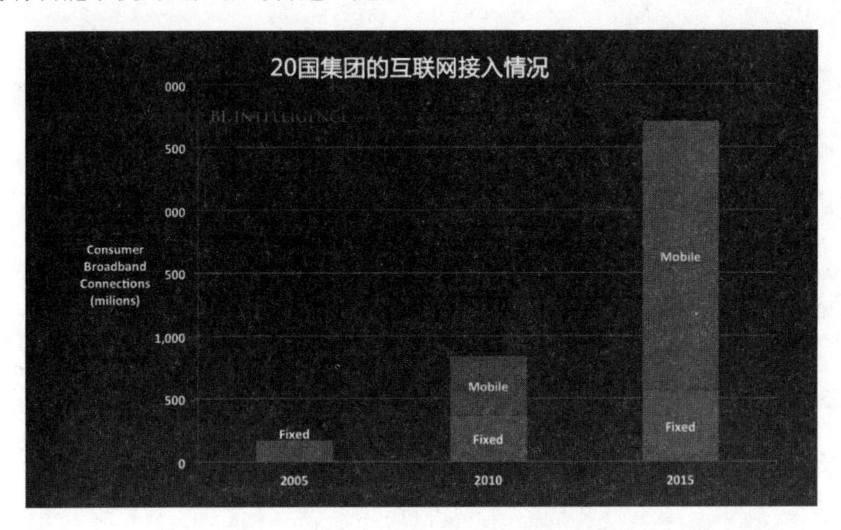

图5-3　20国集团的互联网接入情况

资料来源：CCTIME飞象网，《移动营销成新巨人盘石网盟助企业布局全球移动端》，2015年7月14日。

这样的数据足以说明，在企业的营销推广中，尤其是网络营销，移动端的推广价值将越来越大。从全球范围分析，移动需求方平台的发展价值较大，2015年移动端程序化购买展示广告的份额首次超过PC端，达到56.2%。

第41次《中国互联网络发展状况统计报告》数据显示，2017年中国网络广告市场规模为2957亿元，在2016年的基础上增长28.8%，增速较上年有所提高（见图5-4）。

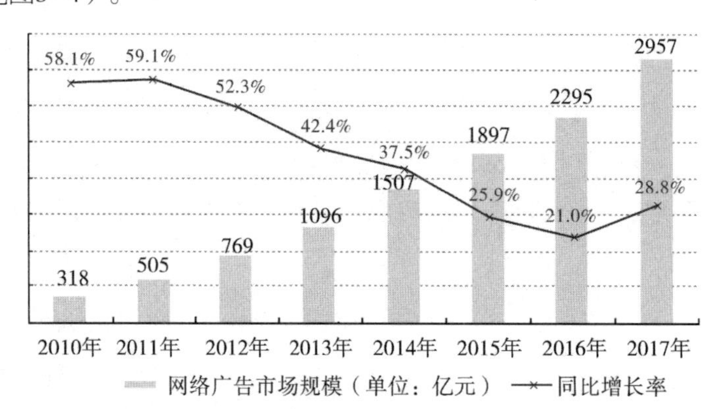

图5-4 中国网络广告市场规模和同比增长率

资料来源：CNNIC，第41次《中国互联网络发展状况统计报告》，2018年1月31日。

该报告还提到，2017年，中国网络广告市场进一步成熟，市场结构趋于稳定，广告主的投放预算在以更快的速度向移动端转移，主流互联网广告运营商广告的收入结构呈现移动端压倒PC端的态势。从未来发展趋势来看，技术仍然是互联网广告快速发展的驱动力量，通过智能算法、数据挖掘实现精准推送；在创意方面将深度整合直播、社交、游戏、奖金等激励元素；在渠道方面互联网广告将逐渐成为广告主常规、主流、高效的投放渠道。

在“互联网+”时代，大数据的巨大商业价值被挖掘出来，移动需求方平台能够通过对本地用户的实时行为、地理位置、长期兴趣、基本属性等进行有效分析，确定推荐给需求方的目标用户，有效实现精准人群的定向推广；不仅如此，移动支付的普及让移动广告形成一个闭环，让广告效果延伸至用户的每一个消费行为，甚至还提升了广告投放数据监测的准确度。

这样的广告效果诉求，通过移动需求方平台得到最大限度的实现。为此，有学者撰文指出："对于地域类广告主来说，投放广告的最佳效果是与本地用户直接产生线下互动。基于地域的广告投放效果是直接可见的。传统广告的投放周期长，影响力小，效果难以监测，相比之下，移动需求方平台能够满足广告主快速见效的投放诉求。具体来说，移动需求方平台通过数据管理平台进行多维度数据的分析和挖掘，可以做出符合用户当下需求的情境营销。例如用户在听完一场演唱会之后，已经错过了末班车时间，数据管理平台通过时间和地点定向，会发现用户有打车或就近住宿的需求，从而为其推送相关的广告，用户还可通过移动支付直接完成整个消费行为。这种一站式服务为用户带来了方便，而广告主也可以通过对数据管理平台的充分利用，节约巨额营销成本。"

该学者还表示："'数据管理平台+移动需求方平台'的广告投放模式能够提升广告投放的准确率，实现线上曝光向即时消费的转化，降低了广告主的广告投放成本，这是目前为止投资回报率最高的广告形式，在大数据的长期积累之下，营销效果会比PC广告更好。"

移动互联网广告的活力

在互联网时代，尤其是移动互联网时代，传统媒体的没落已是大势所趋，随之而来的移动互联网广告焕发活力，业绩让传统媒体感到羡慕。

2017年12月22日，艾瑞咨询发布《2017年Q3中国网络广告及细分媒体市场数据研究报告》。该报告的数据显示，2017年Q3，中国网络广告季度市场规模高达939.6亿元，环比增长率为9.0%，与2016年同期相比增长28.8%。不仅如此，在该报告中，艾瑞咨询还对比了2015年Q4至2017年Q3的广告规模（见图5–5）。

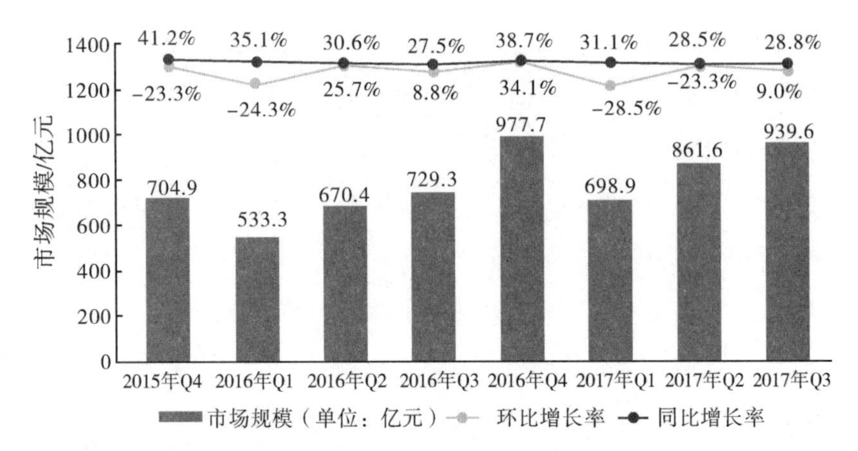

图5-5　2015年Q4至2017年Q3中国网络广告市场规模及其环比增长率、同比增长率

资料来源：艾瑞咨询，《2017年Q3中国网络广告及细分媒体市场数据研究报告》，2017年12月26日。

该报告的数据显示，在2017年Q3的中国网络广告市场份额中，电商广告占比为29.8%，与2016年同期份额相比增长4.4个百分点，信息流广告占比超过17%，搜索广告占比为23.2%（见图5-6）。

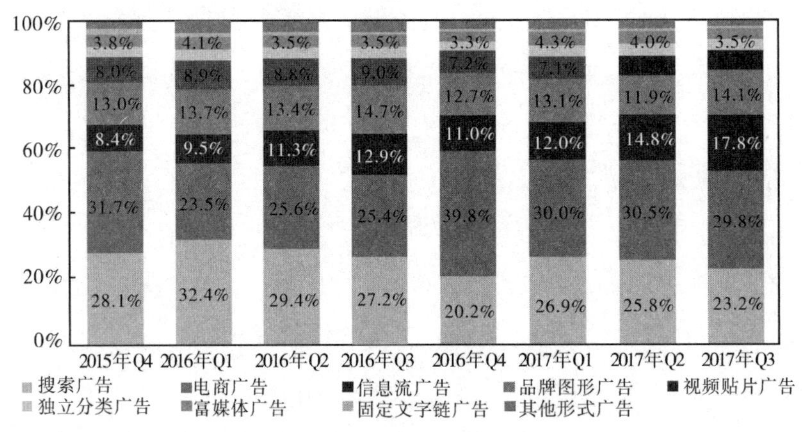

图5-6　2015年Q4至2017年Q3中国网络广告市场份额

资料来源：艾瑞咨询，《2017年Q3中国网络广告及细分媒体市场数据研究报告》，2017年12月26日。

在这份报告中，2017年Q3中国在线视频季度市场规模高达218.6亿元，环比增长18.9%，同比增长14.4%。

根据过往数据的总结发现，在暑假期间，在线视频用户的规模及用户黏性都会提升。在2017年Q3，自制内容及头部内容上线集中，其广告及用户付费规模显著增长。在该报告中，还比较了2015年Q4至2017年Q3中国在线视频行业的季度市场规模（见图5-7）。

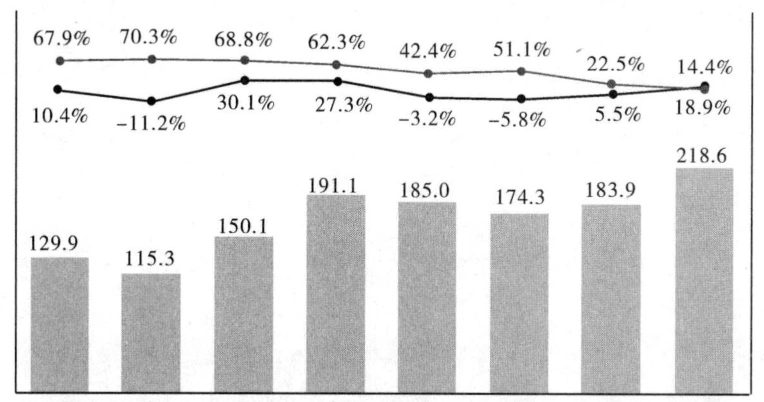

图5-7　2015年Q4至2017年Q3中国在线视频行业的季度市场规模

资料来源：艾瑞咨询，《2017年Q3中国网络广告及细分媒体市场数据研究报告》，2017年12月26日。

该报告显示，在2017年Q3，中国在线视频行业广告的市场规模高达120.2亿元，同比增长30.7%，环比上涨14.8%（见图5-8）。

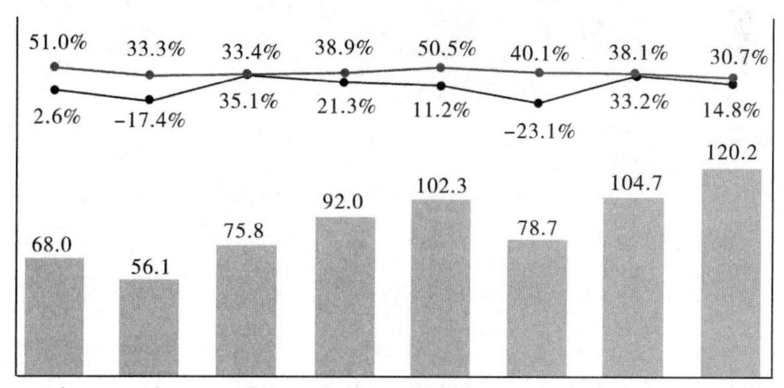

图5-8　2015年Q4至2017年Q3中国在线视频行业广告市场规模

资料来源：艾瑞咨询，《2017年Q3中国网络广告及细分媒体市场数据研究报告》，2017年12月26日。

由于贴片广告的增速放缓，很多视频平台也在尝试广告创新。从目前来看，信息流广告已经取得了很大的成功，且倒推在线视频平台改变其原有的产品内容布局形态。

在移动广告中，泛娱乐直播市场正呈现高速增长态势。该报告显示，在2017年Q3，泛娱乐直播的市场规模竟然高达110.4亿元，同比增长75.1%，环比增长23.3%（见图5-9）。

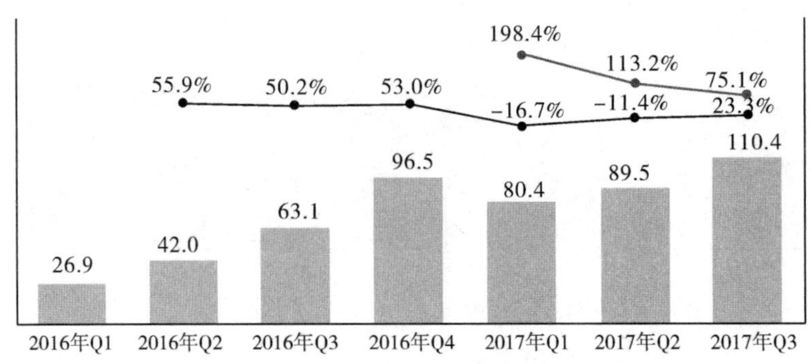

图5-9　2016年Q1至2017年Q3中国泛娱乐直播市场规模

资料来源：艾瑞咨询，《2017年Q3中国网络广告及细分媒体市场数据研究报告》，2017年12月26日。

此报告显示，2017年Q3受到了暑期季度的影响，而且游戏赛事密集，这些无疑都提升了整体的市场规模。

艾瑞咨询分析人士称，当前整体用户规模趋于稳定，付费用户数量增长放缓，未来泛娱乐直播的重心将集中于推动ARPU值增长，拉动企业营收提升。此外，游戏类直播营销发展迅速，带来了更多创意互动方式，这为未来的良好发展打下了基础。

2017年以来，由于泛娱乐直播的用户规模处于震荡时期，保持在1.1亿人左右。2017年6月，直播用户数量开始重回上升趋势。当然，这与暑期档的影响有关。

艾瑞咨询通过对海量数据的分析后发现，用户规模趋于稳定为企业带来了新的挑战，单纯依靠用户打赏的商业模式难以持续带动企业营收的高速增长，未来各平台将会进行更加多元的收入模式探索。

数字广告投放渠道

从2017年Q3网络广告及细分媒体市场的数据上不难看出，中国广告业经过30多年的发展，已经渐趋成熟，企业投放广告的渠道也逐渐理性。

艾媒咨询的统计数据显示，在多元化的渠道投放中，数字广告已经成为当前企业经营者热衷的投放渠道，占比已达38.8%（见图5-10）。

值得关注的是，由于移动互联网快速发展，移动互联网广告逐渐成为广告市场的主力军，占比达到21.7%，在数字广告中占据不小的市场份额。

相比之下，传统的媒体渠道的占比已经出现日渐下滑的趋势。艾媒咨询分析师坦言，随着移动App、移动搜索等营销渠道的逐渐成熟和普及，以及移动端用户体量的增加，移动端渠道已经成为企业经营者投放广告的首选渠道。

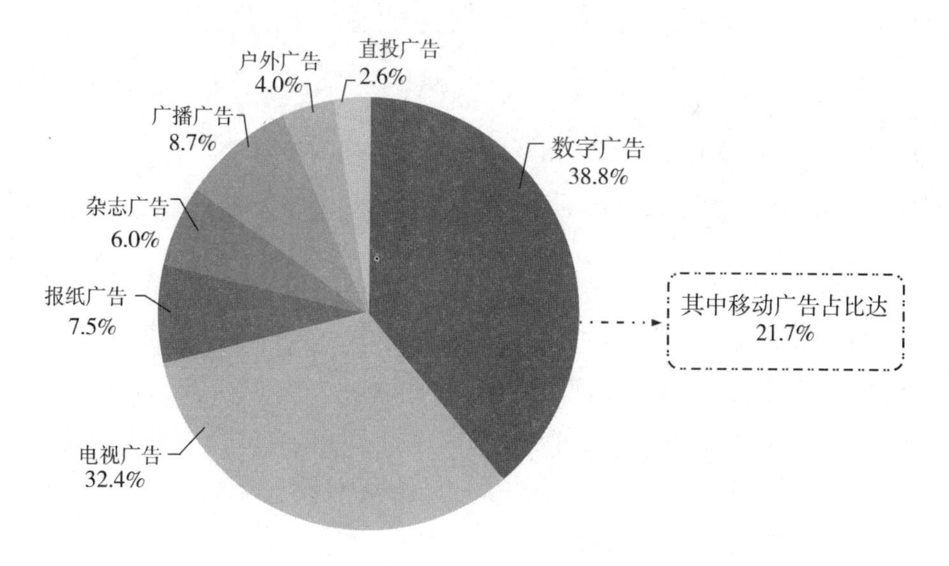

图5-10　2016年中国广告市场及投放渠道占比

资料来源：艾媒咨询，《2015—2016年中国移动营销发展研究报告》，2016年3月1日。

艾媒咨询的统计数据显示，2016年，中国移动广告的市场规模突破千亿元，其增速再创新高。艾媒咨询还对2014—2018年中国移动广告的市场规模及增长率进行了预测（见图5-11）。

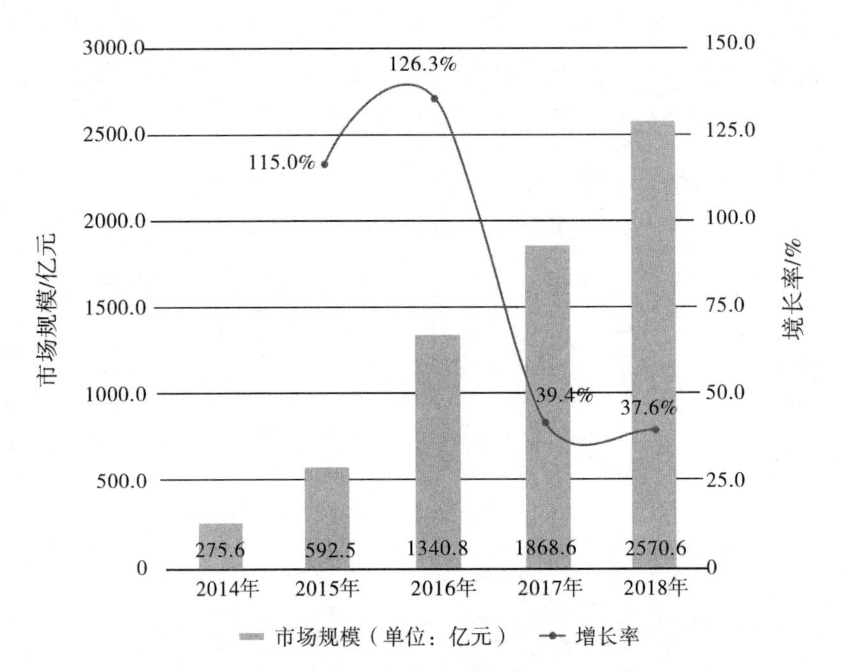

图5-11　2014—2018年中国移动广告的市场规模及增长率及预测

资料来源：艾媒咨询，《2015—2016年中国移动营销发展研究报告》，2016年3月1日。

根据数据，艾媒咨询的分析师认为，2016年是中国乃至全球移动广告市场真正的爆发元年，且移动广告将迎来发展的黄金时机，但是其竞争将更加激烈，移动广告市场群雄逐鹿的格局将长期持续。

在2016年，中国4G的加速影响了移动广告平台市场的加速洗牌。艾媒咨询的统计数据显示，2016年中国移动广告平台市场整体规模达117.4亿元，较2015年增长56.7%（见图5-12）。

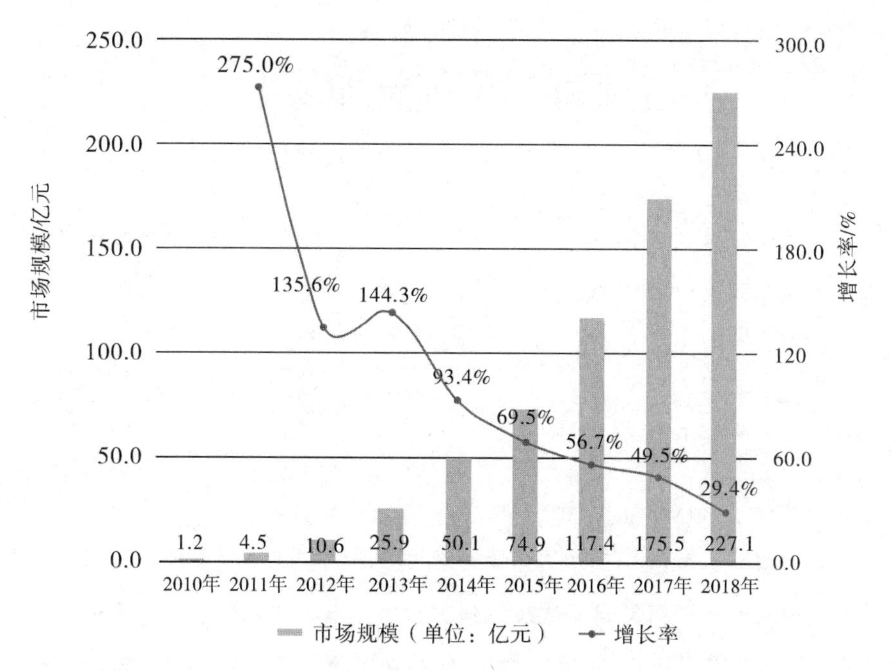

图5-12　2010—2018中国移动广告平台市场整体规模及增长率

资料来源：艾媒咨询，《2015—2016年中国移动营销发展研究报告》，2016年3月1日。

从图5-12可以看出，在2017—2018年，移动广告平台市场的增长逐渐趋于平稳，且增速放缓。艾媒咨询的分析师的理由是，移动广告平台行业洗牌加速，尤其入局较早、实力较强的平台纷纷挂牌上市后，竞争格局愈加明朗。但是整体的平台技术正处于升级阶段，程序化购买技术渐趋成熟，行业未来仍有较大空间等待挖掘。

互联网培训更加容易

随着5G时代的到来，在线教育的潜在商业价值正被培训企业所挖掘。第40次《中国互联网络发展状况统计报告》显示，截至2017年6月，中国在线教育用户规模达1.44亿人，在线教育市场前景广阔。

在线教育还被写入《“十三五”国家信息化规划》中，具体内容如下：

（十一）在线教育普惠行动。

行动目标：到2018年，“宽带网络校校通”“优质资源班班通”“网络学习空间人人通”取得显著进展；到2020年，基本建成数字教育资源公共服务体系，形成覆盖全国、多级分布、互联互通的数字教育资源云服务体系。

促进在线教育发展。建设适合我国国情的在线开放课程和公共服务平台，支持具有学科专业和现代教学技术优势的高等院校开放共享优质课程，提供全方位、高质量、个性化的在线教学服务。支持党校、行政学院、干部学院开展在线教育。

创新教育管理制度。推进在线开放课程学分认定和管理制度创新，鼓励高等院校将在线课程纳入培养方案和教学计划。加强对在校教师和技术人员开展在线课程建设、课程应用以及大数据分析等方面培训。

缩小城乡学校数字鸿沟。完善学校教育信息化基础设施建设，基本实现各级各类学校宽带网络全面覆盖、网络教学环境全面普及，通过教育信息化加快优质教育资源向革命老区、民族地区、边远地区、贫困地区覆盖，共享教育发展成果。

加强对外交流合作。运用在线开放课程公共服务平台，推动国际科技文化交流，优先引进前沿理论、工程技术等领域的优质在线课程。积极推进我国大规模在线开放课程（慕课）走出去，大力弘扬中华优秀传统文化。

以上内容说明，在线教育的发展前景十分可观，随着5G网络商用，以及VR、AR、远程互动等技术的成熟和完善，网络教育技术的发展将迎来拐点。

在线教育的市场规模

艾媒咨询发布的《2017年中国B2B2C在线教育平台行业研究报告》显示，2017年，中国在线教育的规模竟然达到1941.2亿元，同比增长22.9%（见图5-13）。

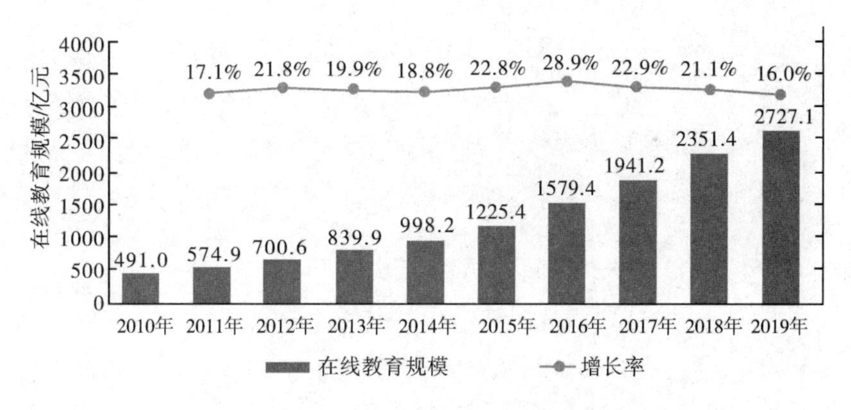

图5-13　2013—2018年中国在线教育市场规模

资料来源：艾媒咨询，《2017年中国B2B2C在线教育平台行业研究报告》，2016年1月3日。

第41次《中国互联网络发展状况统计报告》显示，截至2017年12月，在线教育用户规模达1.55亿（见表5-1）。

表5-1 2016年12月及2017年12月中国网民各类互联网应用的使用率

应用	2017年12月		2016年12月		年增长率/%
	用户规模/万	网民使用率/%	用户规模/万	网民使用率/%	
即时通信	72023	93.3	66628	91.1	8.1
搜索引擎	63956	82.8	60238	82.4	6.2
网络新闻	64689	83.8	61390	84.0	5.4
网络视频	57892	75.0	54455	74.5	6.3
网络音乐	54809	71.0	50313	68.8	8.9
网上支付	53110	68.8	47450	64.9	11.9
网络购物	53332	69.1	46670	63.8	14.3
网络游戏	44161	57.2	41704	57.0	5.9
网上银行	39911	51.7	36552	50.0	9.2
网络文学	37774	48.9	33319	45.6	13.4
旅行预订	37578	48.7	29922	40.9	25.6
电子邮件	28422	36.8	24815	33.9	14.5
互联网理财	12881	16.7	9890	13.5	30.2
网上炒股或炒基金	6730	8.7	6276	8.6	7.2
微博	31601	40.9	27143	37.1	16.4
地图查询	49247	63.8	46166	63.1	6.7
网上订外卖	34338	44.5	20856	28.5	64.6
在线教育	15518	20.1	13764	18.8	12.7
网约出租车	28651	37.1	22463	30.7	27.5
网约专车或快车	23623	30.6	16799	23.0	40.6
网络直播	42209	54.7	34431	47.1	22.6
共享单车	22078	28.6	-	-	

资料来源：CNNIC，第41次《中国互联网络发展状况统计报告》，2018年1月31日。

研究发现，在线培训的优势在于：

第一，在线培训可以降低培训费用。通常，传统的技能培训需要将受训者从中国各地，甚至是世界各地召集到某个教室后一起进行培训。而不菲的培训费和差旅费对个人来说是一笔巨大的开支。公开资料显示，一些中层经理的培训费用中竟然有70%用于支付交通费、食宿费和讲课费。而在在线培训中，交通费、食宿费等费用可以减少，甚至为零，受训者只需打开配备有网络的电脑便可接受培训。

第二，在线培训能够及时、低成本地更新培训内容。随着科学技术周期的缩短，知识更新的速度越来越快，今天的知识明天就有可能会过时，所以培训的内容必须紧跟时代的节拍，否则培训就会失去其原有的意义。在传统的培训中，更新课程不仅需要付出巨大的成本，如重新编审印制教材、刻录光盘，将更新后的教材和光盘发到世界各地的受训者手中将付出一定的时间成本和运输费用，而且整个周期非常漫长。在在线培训中，对培训课程内容的更新成本则要低得多，课程设计者可直接在网上删除过时的内容，将更新后的内容传送到网上，受训者只需点几下鼠标就可以学习到更新后的内容。

第三，在线培训能够提高学习效率。在线培训的课程通常配备有大量的图片和影音等教学文件，课程更为生动有趣，更有利于提高受训者的学习效率。

第四，在线培训便于受训者学习。在传统的课堂培训中，受训者不得不中断正在进行的工作进行一段时间的脱产培训，这样必然会影响其正常的工作。而进行在线培训的话受训者可以按照个人的进度接受培训。

第五，在线培训能够促进企业文化的良性循环，调动受训者的学习积极性，使整个企业变成一个学习型组织，紧跟最新的技术和市场变化。

正是因为在线培训拥有上述优势，所以近年来其市场规模以近20%的速度增长（见图5-14）。

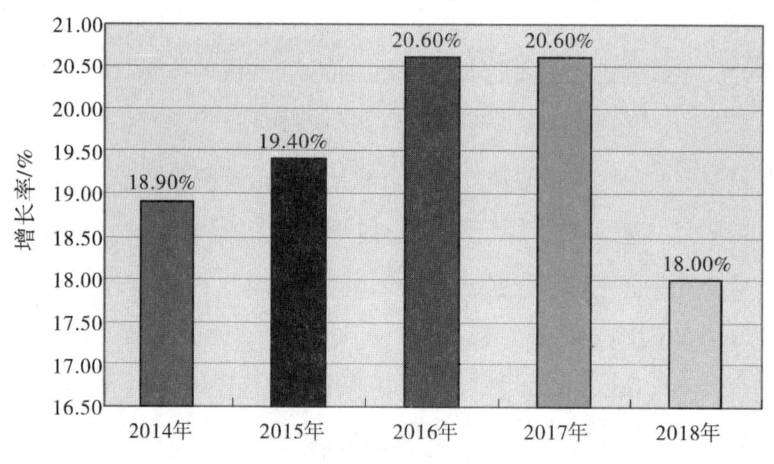

图5-14 2014—2018年中国在线教育市场规模增长率

不仅如此，近年来在线教育用户更以超过20%的速度持续增长（见图5-15）。

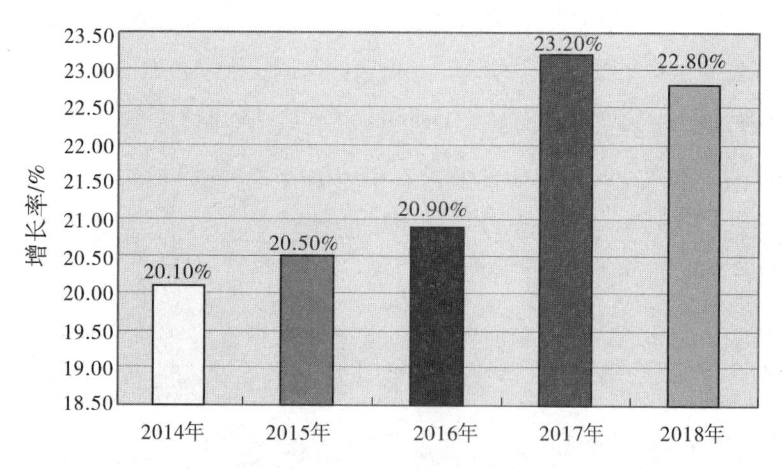

图5-15 2014—2018年中国在线教育用户规模增长率

在线培训的长尾价值

面对巨大的商业市场，一些在线培训企业开始拓展属于自己的蓝海市场，利用互联网技术挖掘出大的长尾价值。这其中就包括在线培训企业——

智慧365。

智慧365创始人胡灏坦言："智慧365的主要目标人群就是中小企业和基础职员，可以借助互联网手段降低培训成本、打破时空限制，通过实战班来不断提升学习体验和学习效果，个人需求市场将得到进一步释放，随着85后人群在企业中逐渐成为核心力量，企业对在线培训的接受度会越来越高。"

作为一个资深的互联网创客，胡灏说出这样的观点自然有其理论依据。在胡灏看来，做出这样的转型决定，意在"重塑培训模式，引爆培训革命"。

当前绝大多数的职场在线教育还停留在E-learning阶段，尽管有几个做在线培训的B2C网站，但其经营者对在线学习的认知往往只局限在让学员通过视频课程学习而已，通常以讲师的讲课为中心，运营商为其录制视频课程，然后上传到互联网上，而其内容往往无法满足员工的在线学习需求。

为了颠覆这样的在线培训模式，胡灏以智慧365实战班这样全新的在线培训模式来引爆培训革命，具体的方法是：精益教学模式，提供系统性、专业化的学习，突出实战。

据胡灏介绍，智慧365实战班的竞争力体现在学习体验和学习结果两个点上。在学习体验上，注重快乐学习和内容实战，而学习结果则注重解决问题和持续成长（见图5-16）。

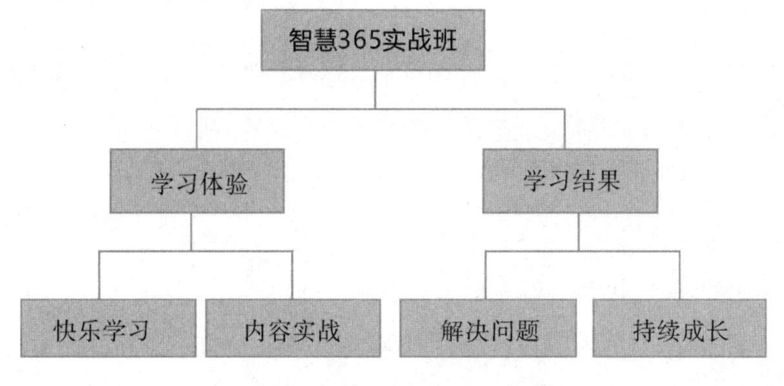

图5-16　智慧365实战班的竞争力

不仅如此，在强化学习结果方面，胡灏还以学员为中心，始终围绕学习转化和应用实施教学（见图5-17）。

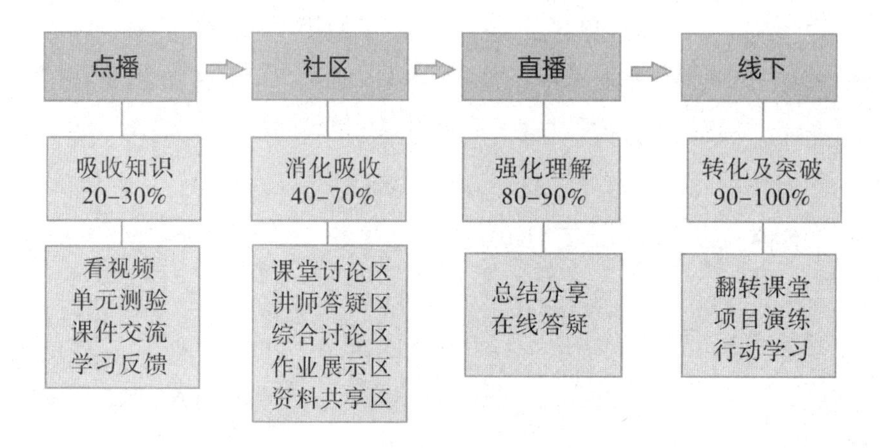

图5-17　智慧365实战班的学习力

一般的在线学习通常不注重内容实战，只是以讲师为中心，讲师讲什么内容，学员一般就听什么内容，对学员的需求相对缺乏了解，更谈不上互动了。

事实上，在日常生活中的互动，往往是指个人与个人之间、个人与群体之间、群体与群体之间等通过语言或其他手段传播信息而发生的相互依赖性行为的过程。研究发现，对于培训企业来说，长期稳定的良性互动关系通常需要满足培训师为学员解决实际问题。

对于培训企业而言，如果其产品没有互动的环节，受训者就缺乏一些参与感，特别是在强调实时互动环节的今天，互动的作用非常重要。这就是互联网企业总是在强调“尖叫产品”的一个重要原因。

所有互联网产品和服务都会实时得到用户反馈，互动让互联网产品实实在在地接触到培训企业的用户，并且对用户进行直接服务。

众所周知，培训师与学员进行互动，不仅可以知道学员是谁，而且还可以知道如何改进服务。正如阿里巴巴创始人马云所言："必须先去了解市场和客户的需求，然后再去找相关的技术解决方案，这样成功的可能性才会更大。"

基于此，胡灏创办了智慧365实战班。据胡灏介绍，从产品的角度讲，智慧365的核心产品是实战班，每个课程表现形式为"点播+社区+直播+线下（翻转课堂）"，其主要特点体现为"学习+练习+互动"，最有特色、最具辨识度的功能是互动，首先是课堂交流区学员之间互动，然后是讲师答疑区讲师与学员互动，互评作业学习成果互动，直播课堂即时互动，线下课堂即面对面互动，即时解决学员在工作中遇到的实际问题。

胡灏的做法让我想起了一个浙江商人的话："商机就像飘在天上的白云，它在每个人的眼前飘过，只有敏锐的慧眼才注意它，才盯住它。以深刻而敏锐的眼力或洞察力去发现商机，才是企业家精神的本质。"

这句话很适合于今天的在线培训市场，角度不同看法也不同，因为"这是最好的时代，这是最坏的时代；这是智慧的时代，这是愚蠢的时代；这是信仰的时期，这是怀疑的时期；这是光明的季节，这是黑暗的季节；这是希望之春，这是失望之冬；人们面前有着各样事物，人们面前一无所有；人们正在直登天堂，人们正在直下地狱"。

第六章 通信巨头的5G路径

即将席卷全球的5G技术，由于具备潜在的巨大商业价值，已经成为各个国家、各大企业争相占领的研发高地。

基于此，作为未来通信技术的发展趋势，各大企业都在积极研究开发5G技术，其中包括华为、中兴通讯、爱立信等企业。

在这些企业看来，5G技术背后有万亿市场，只有积极地占领，才能牢牢地拥有控制权。对于这些企业来说，5G正在“踢门”，也没有任何犹豫或者后退的可能。

华为5G：通往全联接世界之路

2018年4月16日，华为对外发布信息称，华为将于2018年全球商用上市的5G NR产品顺利通过欧盟专业认证机构的认证核查，获得全球第一张5G产品CE-TEC（欧盟无线设备指令型式认证）证书。

该证书的获得，表明华为的5G产品已经正式获得市场商用许可，同时也意味其向5G规模商用又迈出了关键的一步。

据了解，此次通过CE-TEC测试验证的华为5G C波段 Massive MIMO AAU（Active Antenna Unit）基站，是基于3GPP 38.104协议开发的，面向增强移动宽带大容量场景。该基站能为用户提供室外连续xGbps体验，时延低至毫秒（ms）级。

华为5G系列产品在整个开发流程中，无论从器件选型，还是从设计开发上，自始至终都严格地遵循法规要求，同时还经过多轮严格的评估检验。华为此次一次性通过测试，说明该设备满足了CE（Conformite Europeenne）严苛的认证要求。

据了解，CE是产品进入欧洲市场的一个强制性认证标识，是产品进入欧盟境内销售的通行证。一般加贴CE标识的商品，表示其符合欧盟无线、安全、电磁兼容、卫生、环保和消费者保护等一系列指令要求。当华为5G产品获得CE证书时，说明其产品已经完全满足欧盟严格的准入要求，华为具备了正式向欧洲市场销售和商用5G产品的资质。

在网、端、芯上成为世界领先者和5G的推动者

2018年2月26日，在2018年世界移动通信大会上，华为5G产品线总裁杨超斌发布了基于3GPP标准的5G端到端全系列产品解决方案，涵盖核心网到传输到站点到终端（见图6-1）。这也是当时行业唯一能够提供的5G端到端全系列产品解决方案。

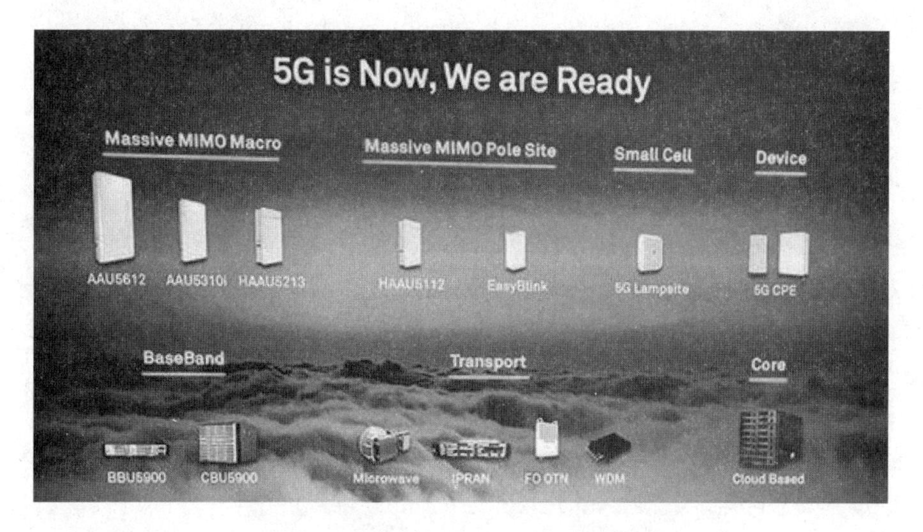

图6-1　5G端到端全系列产品解决方案

资料来源：网易新闻，《华为发布5G端到端全系列产品解决方案》，2018年2月28日。

据了解，在此次5G产品发布中，华为推出的5G端到端全系列产品解决方案能够涵盖从毫米波到C波段到3G以下的全部频段，也涵盖了塔站、杆站以及小站的全部站点形态。

这样的变化源于，在5G时代，无线站点将是分布式部署和集中式部署混合的组网场景。为此，华为此次同时推出了应用于分布式站点的BBU5900和应用于集中式站点的CBU5900。BBU5900是当今业界集成度最高的站点解决方案，既可以支持包括2G、3G、4G、5G所有制式合一，所有频段合一，又具备50Gbps的回传能力，能满足5G业务长远发展的需要；CBU5900能将

大量的基带单元集中部署实现C-RAN架构，简化远端站点，同时还可以节省大量的空调机房，减少维护安装的上站次数，降低了未来站点扩容、站点维护的进展成本。与此同时，集中部署基站还能通过大范围紧密协同，提升整网性能。

华为5G核心网的解决方案，主要是基于全云化架构设计，通过以微服务为中心的软件架构，可以同时支持2G、3G、4G、5G网络，有效地实现从非独立组网向独立组网的平滑演进。不仅如此，华为5G全云化核心网灵活的分布式网络架构，打破了传统的解决方案，华为通过用户面控制面分离技术，解决运营商控制面部署于中心局点的难题，这样的方案让用户可以根据业务场景随机地选择部署的位置。以AR和VR、高清IPTV over WTTx等eMBB业务为例，运营商可以将用户面下沉至网络边缘，最大限度地减少骨干网流量的迂回，有效地实现超低时延和超大带宽，真正地实现零拥堵。据杨超斌介绍，全云化的5G核心网是网络切片的基础，而网络切片作为5G时代的新兴商业模式，可以帮助运营商实现一网多营，助力运营商进行从大众市场到垂直行业市场的商业转型。

在5G承载上，为满足5G超大容量eMBB业务的需要，华为也推出了多场景、多媒介、多形态的5G承载产品组合。回传场景的5G微波系列产品，可以基于传统微波频段实现10Gbps的大带宽能力以及25微秒的低时延；50GE/100GE自适应分片路由器，可以支持从10GE到50GE、100GE的平滑演进，实现按需逐步建设；有源FO OTN前传解决方案可以实现多达15路业务接入，支持无损倒换以及多种业务的综合接入能力；Centralized WDM前传解决方案采用创新无色光模块，实现站点的极简交付、极简运维；X-Haul 5G承载解决方案支持IP/OTN/微波等多种技术，可帮助运营商彻底解决5G规模部署对移动承载网带来的挑战。

回顾华为的技术研发历程不难看出，在3G时代，华为采取的是跟随策略，在4G时代，其研发基本与跨国企业持平，而在5G研发上，华为则已经实现超越，且这种超越是端到端的，涵盖网络、终端、芯片的各个方面。

在网络方面，华为从核心网到传输、站点都已经走在了世界的最前列。在技术方面，华为在组网架构、频谱使用、空口技术、原型机实现和外场验证等方面，都已取得了突破性的进展，即使在5G试验网的表现上，也大幅优于3GPP标准。

在5G的商用进程与终端方面，华为也较早地布局。在2018年的MWC上，华为就展示了全球首款3GPP标准的5G CPE商用终端。该终端分为低频（Sub6GHz）CPE和高频（mmWave）CPE两种。

据了解，华为5G低频CPE的重量为2000克，体积仅为3升，实测峰值下行速率高达2Gbps。

值得欣喜的是，此款终端产品内置的是华为自己研发的巴龙5G01芯片。该芯片是目前全球首款商用的、基于3GPP标准的5G芯片。

华为副总裁艾伟披露，2015年，华为就开始研发巴龙5G01芯片。在当时，由于没有任何产品可以参照，加上没有5G技术标准，一切都是靠自己摸索。

2017年12月，5G的首个R15标准冻结。2个月后，华为推出巴龙5G01芯片，运行速度创下业界记录。

当华为推出5G芯片时，意味着5G时代已经来临了，“5G is Now”不再只是口号。同时也意味着中国终于在5G上实现了全面领先，这种领先体现在芯片、终端和网络的端到端上。

客观地讲，这种领先并不是一个偶然的事件，而是华为持续在5G上巨额投入研发的结果。据了解，早在2009年，华为就启动了5G的相关研究，截至2018年，华为至少投入了6亿美元用于5G研究和创新，目前在全球有11个5G研究中心，参与5G研究的专家有数千人。

一个万物互联的新世界

如前所述，5G与4G最大的不同不仅体现在速率上（10Gbps的用户速率），而且还体现在低时延（0.5ms的时延）和广连接（每平方公里100万个设备接入）上，这意味着5G带来的是一个万物互联的新世界。

若从应用的角度比较5G与4G的区别，4G应用主要是人与人的连接和人和信息间的连接。在5G时代，无疑开启了一个物联网的新时代，引爆垂直行业的各种应用。例如智能家居、无人驾驶、智能医疗、智能制造等场景下的智能化应用，这些应用的市场价值可谓是十分巨大。

从终端上分析，5G时代再也不是手机包打天下了，华为消费者业务CEO余承东发布的5G终端战略显示，华为将会推出连接人和家的Mobile Wi-Fi、智能手机和5G路由，连接物的5G工业模块，连接车的5G车载盒子。

据余承东介绍，这些终端的布局涵盖家、工业和车三个典型场景。其中，在2019年第四季度推出5G智能手机。该手机将可有效支持各类在5G网络环境下的视频、娱乐、VR和AR等浸入式体验应用。又如，华为与知名的汽车厂商、工业控制和测试设备制造商一直在开展5G的联合研究，覆盖了智能驾驶、机器人控制等很多领域。

综上所述，在5G终端布局上，华为已经较为完善，涵盖了5G应用的多种场景。与其他封闭的战略不同，华为在5G上的战略采取的是一个开放的态度，旨在构建一个开放式生态，在万物互联的大背景下，华为的战略举措无疑是明智的。例如，华为以HiLink平台构建起智能家居生态，能让所有支持HiLink的终端实现自动发现、一键连接，无须烦琐的配置和输入密码，目前已经接入50多个品类，100多个合作厂家，覆盖300多款产品。显然，在5G这样一个万物互联的新世界，华为在终端上也已经深入布局，占得先机。

中兴通讯的5G战略

美国第16任总统亚伯拉罕·林肯曾经说过："预测未来最好的方法就是去创造未来。"在这一点上，电信行业的变迁就是一个最好的例证。2020年是5G商用元年，这使得许多的人开始思考，5G的商用到底能给生活带来什么样的改变？全球的电信运营商和通信厂商的经营者们显然不满足这样的瞎想，他们更愿意通过自己的努力来影响未来、创造未来。中兴通讯副总裁、TDD&5G产品总经理柏燕民在接受媒体采访时说道："我们正在为未来各行业创新打造使能的动力。"

突破欧洲5G市场的意义

伴随5G标准的再次提速，全球主要运营商的经营者们高度重视，强势布局5G，持续地加大投入。欧洲市场作为全球电信业传统市场，一直都是全球较为重要的，同时有着较大市场潜力的移动通信市场。

纵观电信业的发展不难发现，从2G、3G、4G到即将到来的5G，欧洲都是移动通信标准的制定者。因此，无论是在技术研发还是在市场上，全球的电信运营商和通信厂商历来都会强势介入欧洲市场。正因为如此，作为兵家必争之地和战略制高点的欧洲市场，烽烟四起就不足为奇。从目前的形势来看，该趋势可能会延续到5G时代。中兴通讯副总裁、TDD&5G产品总经理柏燕民坦言："从近期欧洲各方一系列动作来看，欧洲的5G进展比想象中要更快。"

既然是技术和市场重地，欧盟委员会无疑会极为重视和竭力保持欧盟各国在全球的核心技术竞争力，5G领域自然也不例外。基于此，欧盟委员会自然会把5G技术视为自己的核心资产。在柏燕民看来，“5G不仅仅是一项通信技术上的革新，它还将带动各个行业的应用和创新全面发展，对社会经济的发展、升级有极大的促进作用”。

2016年9月，欧盟委员会发布了5G行动计划，该计划其实就是一份通往2020年5G商用的路线图，其中一个显著的着力点是在2020年欧盟各成员国都至少在一个城市完成5G的商用。

这个计划共分为三个阶段：第一，2018年启动5G预商用测试；第二，2020年欧盟各成员国至少有一个城市开通5G服务；第三，2025年欧盟各成员国在城区和主要公路、铁路沿线提供5G服务。

为了有效、顺利地完成这三个阶段，欧盟委员会积极地与各成员国协商5G部署和频谱策略，同时还以风险投资的方式大力地扶持5G的技术研发和创新。

作为欧盟成员的意大利，第一个站出来响应欧盟5G行动计划号召。在欧盟委员会发布了5G行动计划2个月后，意大利政府就宣布准备在北部、中部和南部选取5个城市率先部署5G预商用网络，并希望在2017年底启动建设基于3.6~3.8GHz频段的5G网络。

该项目吸引了三家运营商及其厂商合作伙伴的参与投标，经过几轮的竞标，中兴通讯联合意大利第一大运营商Wind Tre，领先有线运营商Open Fiber中标了5个城市中的2个。柏燕民对此表示：“这将是欧洲第一张预商用的5G网络，意义重大。”

中兴通讯之所以能够拿下如此重要的项目，是因为中兴通讯手里的王牌产品。柏燕民介绍道：“这几年来，Pre5G频频发力，使得中兴通讯在Pre5G上已经占据领先优势，在自研芯片、阵列天线工艺、高效率功放管GaN等新技术上也有深厚的积累，并取得了丰富的实践经验。不仅如此，中兴通讯还是全球5G标准研究的主要贡献者，是ITU、3GPP、IEEE、NGMN、ETSI、OpenFog、CCSA、IMT-2020、5GIA、5GAA等组织的成员，没有漏掉任何一个国际主流标准组织和推进平台。这些都是我们中标的优势。”

按照欧盟的规划，2018年第二季度建设了5G创新实验室，在实验室里完成对5G独立组网、非独立组网和设备的测试，这是中兴通讯与意大利运营商伙伴此阶段的主要任务。

只有这样，中兴通讯与意大利运营商伙伴才能在2018年下半年到2019年上半年的时间里，在两个城市里完成5G非独立组网下的外场测试，同时与现有的FDD网络连接，有效地形成5G预商用网络。

按照规划，在2019年下半年，该项目将进入独立5G组网阶段，完成相关的测试与验证，并最终在2020年推出商用5G网络。当然，由于独立组网对现网的影响力较小，就可以让运营商用最少的成本，预演5G预商用。

为了更好地布局欧洲5G市场，推动该项目的建设，中兴通讯在意大利还组建了5G创新中心，其涵盖了多个方面，比如核心网、承载、接入到终端、垂直应用、综合解决方案，等等。

对于想要在欧盟站稳的中兴通讯来说，不仅要满足5G的需求，同时还要为各行各业的创新提供解决方案。正因为如此，中兴通讯在与欧洲各国的5G合作中，积极参与各个国家的远程医疗、教育、智慧家庭、智慧城市和增强现实等5G的应用研究，并以此为基础，推动行业应用革新，发挥5G巨大的商业价值。

与法国Orange集团达成战略合作

按照5G的发展计划，2018年是5G全面启动的时间点。由于中兴通讯在Pre5G上具备先发优势，因此多个全球主要运营商有意向寻求合作。除了赢得意大利的项目外，中兴通讯还与法国Orange集团达成战略合作，且签署了

5G战略合作协议。

据了解，Orange集团是一家法国电信运营商，1994年，该公司正式进入英国市场。1996年，该公司正式在伦敦股票交易所上市，并于同年4月2日正式登陆纳斯达克证券交易所，最大的股东是Hutchison Whampoa，占48%的股份；而英国航空占22%的股份。总资产已经达到了84亿美元。1997年7月，该公司的用户就已经达到了100万户，成为该公司历史上非比寻常的一个里程碑。

为了占据更多的5G市场，法国Orange集团寻求与中兴通讯合作，甚至还是欧洲第一个发出5G RFI（Request For Information of 5G）的主要运营商。基于此，中兴通讯就与Orange对诸多5G核心技术进行联合测试与评估，其中包括2018年下半年在欧洲进行多站点的5G独立组网网络架构测试、5G核心网先进功能验证、端到端的5G网络切片性能和应用测试等。由于Orange集团的业务覆盖欧洲、中东、非洲等地，其希望通过与中兴通讯的合作，找到解决减轻5G网络建设对现网冲击的方案。

Orange集团非常看好自己与中兴通讯的合作，其首席技术创新官在个人Twitter上发布了此信息，较高地评价了Orange集团与中兴通讯达成的协议，该首席技术创新官认为，此次合作对Orange集团的5G网络部署非常重要。

同样是欧盟成员国的西班牙，也积极地与中兴通讯展开合作。例如，中兴通讯与Telefonica集团在位于马德里的未来网络实验室里，联合完成了5G承载的第一期测试。

联合测试的如期完成，意味着中兴通讯与Telefonica集团的双方合作达到一定的预期，这正是中兴通讯与Telefonica集团双方长期合作探索5G商用道路的重要成果。

在亚洲，中兴通讯也在积极拓展市场。2017年10月，中兴通讯与印度最大的国有电信运营商BSNL正式签订了5G及IoT合作备忘录。

在此次合作中，中兴通讯与BSNL将开展面向未来Pre5G、5G无线系统内及虚拟化网络机构等关键技术的研究和商用部署，其目的是构建5G生态系统，以此为基础，中兴通讯与BSNL联合开展相关技术的评估和验证。

柏燕民在接受媒体采访时称，截至2017年10月，已与中兴通讯达成了5G深度合作关系的运营商有中国移动、中国电信、中国联通、日本软银、西班牙电信、德国电信、马来西亚电信、韩国KT、比利时Telenet等。

为了占领更多的5G终端市场，2017年2月，在MWC大会上，中兴通讯与中国移动、高通宣布启动基于5G新空口标准的IoDT测试。该测试是业界首个基于5G标准和未来商用终端芯片的测试。

2017年6月，中兴通讯与中国移动在广州开通了首个5G预商用基站，在准商用测试环境下，单UE峰值速率超过了2Gbps。

柏燕民介绍道："接下来中兴通讯还将深度参与中国移动的5G NR外场测试，充分论证各种场景和组网选择，为5G商用做好准备。"

据柏燕民介绍，2017年6月下旬，中兴通讯与中国联通在深圳开通了5G新空口外场测试站点，并完成了相关业务验证。该验证的完成标志着中兴通讯的5G设备已经具备预商用能力。

面对如此业绩，柏燕民回应说："国内组织的5G第一阶段和第二阶段测试，中兴通讯都取得了优异成绩，多项测试刷新了纪录。我们还和多个厂家联动，开展跨行业合作，推动着5G产业链健康成长……所以说中兴通讯不仅是一个通信设备厂商，还是各行各业创新发展的重要推动力量。"

作为风口的5G，中兴通讯自然不会错过，其当初提出的口号是"Leading 5G Innovation"（5G先锋），这与中兴通讯自身的行业地位有关。早在2009年，5G还处在概念阶段时，中兴通讯就已开始启动了5G的研究。

在当时，业界对5G讨论的方向较多。不过，中兴通讯却坚定地认为，5G的关键技术在于大规模天线阵列、新的空口结构、新波形和编码、高频通信等。

经过努力，中兴通讯凭借Pre5G，抢先在商用网络中验证了5G技术。这意味中兴通讯已经站在了5G技术研发、商用化发展和生态建设的最前沿。资料显示，2017年上半年，中兴通讯完成了工信部组织的第二阶段5G测试，通过了七大场景的所有技术验证。在低频领域，中兴通讯5G方案的小区峰值最高可达19Gbps，高频领域的单用户峰值速率达到了13Gbps。在连接容量方面，中兴通讯每小区、每小时、每兆赫兹可以接入9000万个连接，换算成ITU标准就是每平方公里每分钟200万个连接，是ITU要求的2倍。在超低时延方面，中兴通讯测试的记录是0.416ms，低于5G的1ms要求。

英特尔的5G战略转型

在2017年的MWC上海展上，“5G”的热度超乎想象，登上热词榜首。在5G时代，5G技术可以让用户享受到新的通信技术服务，同时也带给企业海量的市场机会。基于此，英特尔称其为“通信×计算×垂直行业”乘法效应。

为了更好地掌控话语权，英特尔与电信运营商、设备制造商，以及两大标准制定机构3GPP和IEEE合作定义了5G标准。

英特尔急切地布局5G，主要还是因为5G潜在的商业市场。对于英特尔来说，转型成为数据公司与时代的转换刚好重合。

早在2016年，时任英特尔CEO的布瑞恩·科再奇就坦言：“总的来说，我们已经特别地将英特尔定位于驱动云计算以及日益智能互联的世界。我们看到在这一良性循环的增长过程中，蕴藏着巨大的机会——云和数据中心、物联网、存储和FPGA，它们紧密相连，并通过摩尔定律的经济学效应而得到加强。”

英特尔的5G路线图

为了更好地让英特尔转型，布瑞恩·科再奇上任后，对英特尔产品路线图进行了一系列的重大调整，并采取了以下两个举措：

第一，英特尔设立新设备和物联网部门。其后，布瑞恩·科再奇将其升级为事业部，提高该部门在英特尔公司内部的地位。第二，起用老将，帮助公司内部人员适应组织架构的改变。

我们查阅资料后发现，尽管英特尔对物联网、可穿戴设备布局较早，但是在整个产业中，其商业模式尚未确定，更为重要的是，消费者需求没有被带动起来。这样的布局使得英特尔在新业务中仍处于“试错”风险的阶段。

财报显示，2016财年，英特尔营业收入达到593.87亿美元，同比增长7%；净利润为103.16亿美元，同比下滑10%；每股收益为2.12美元，同比下滑9%。

我们在深入研究后发现，由于英特尔不同事业部的业绩表现不同，其收益占比也正在发生微妙的变化。

2016年，英特尔划分为几大事业部：一是包括笔记本和二合一系统在内的客户端计算事业部（CCG）；二是企业云和通信基础建设相关的数据中心事业部（DCG）；三是包括零售、交通、工业、视频、建筑和智慧城市在内的物联网事业部（IOT）；四是拥有NAND闪存等产品的非易失性解决方案事业部（NSG）；五是2016年因收购Altera而成立的新的部门可编程解决方案事业部（PSG）；六是负责计算机移动设备和网络安全创新方案的安全事业部（ISecG）。

根据英特尔2016年财报，在各事业部的营业收益中可以看出，2016年占比最大的仍是CCG，不过其百分比已经从2015年的58%降至55%，营业收入为329亿美元，比2015年同期增长了2%，但整个平台出货量下降了10%，平台的平均销售价上涨了11%（见图6-2）。虽然如此，但是业绩下降却非常明显，2014年时，该事业部的营业收入占比竟然高达62%。虽然此事业部是英特尔的传统优势，但面临PC业务的下滑，英特尔也在寻找更加多元化的商业收入。

在英特尔的转型中，新业务的业绩体现还不错，排名第二位的DCG出现稳步增长的势头。占比从2014年的26%到2015年、2016年稳定在29%。英特尔的总收益增长，直接带动了DCG的财务增长。DCG的收益为172亿美元，上涨了8%，平台的出货量也上涨了8%，平台销售单价则下降了1%。

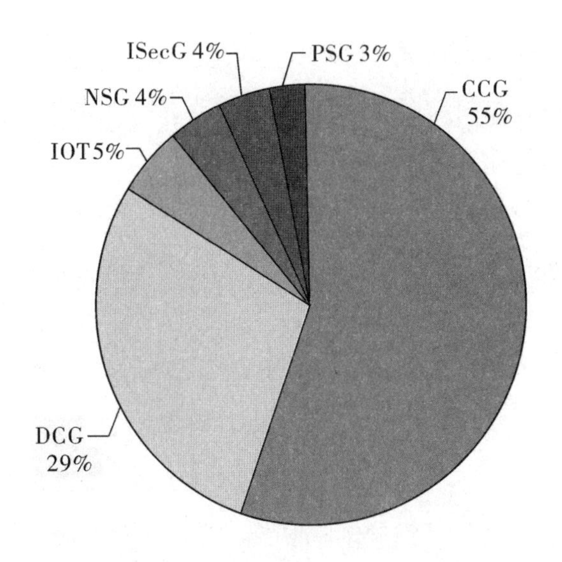

图6-2　2016年英特尔各事业部收入占比

资料来源：李娜，宁佳彦，《英特尔：5G下的转型》，《第一财经日报》，2017年6月30日。

野村证券的调研数据显示，英特尔非常看好DCG业务的长期发展。虽然这些收入不会来自CPU的增长，因为企业服务器CPU正在以个位数的中段下滑。增长主要将来自一些相关的领域（硅光学通信、Omni-Path、3D XPoint、网络）。

为了进一步加速英特尔的转型，布瑞恩·科再奇已宣布，计划剥离负责计算机移动设备和网络安全创新方案的英特尔安全事业部（ISecG）。尽管非PC业务的利润已经超越PC业务，但是也需要解决稳定增长这个棘手的问题。

曾经英特尔高级副总裁、首席战略官的艾莎·埃文斯在接受《第一财经》的记者采访时说道："我们要发展我们的公司，要让公司多元化，我们对公司已取得的成就非常自豪。之前，我们一直以电脑为中心，就在几年前PC还是我们公司收益的主力军，在这个市场下滑时我们遇到了很大的困难，但我们稳住并成功发展了其他业务。"

英特尔的中国盟友

随着高通的强势崛起，英特尔就处在“十面埋伏”的危机中。来自竞争对手的压力让英特尔不再那么傲慢。

客观地讲，在之前，英特尔拥有傲慢的资本。自1992年发布针对个人电脑的奔腾中央处理器以来，英特尔都是名副其实的行业霸主。

21世纪初，移动设备的快速普及，让英特尔有些措手不及。比如，三星电子以英特尔为对标对象，有针对性地突袭，尤其是近年来在芯片销售额上缩小了与英特尔的差距，甚至已做好实现芯片销售额超越英特尔的准备。

在物联网市场方面，英特尔不仅要面对ARM的激烈竞争，同时还要与高通等公司竞争。高通已经推出了低功耗、低成本设备的芯片。面对来自外界的竞争，基于ARM的设计的服务器也将对英特尔造成严重威胁。

作为传统优势，英特尔为PC、服务器提供处理器。如今，创客、物联网、机器人、VR、无人机、无人驾驶的芯片市场已经被竞争对手所占据。

英特尔的高层坦言，英特尔错失了移动的机会。不过，英特尔已经开始向移动领域投入巨额资金，不仅如此，英特尔还开始与其他企业合作。

布瑞恩·科再奇解释，在5G时代，英特尔不会单打独斗，而是与行业里的其他企业共同合作，成为真正的合作伙伴。

面对这样的变化，英特尔全球副总裁兼中国区总裁杨旭解释道：“中国对于整个英特尔的转型起到了风向标的作用。不论是机遇、威胁，还是挑战，它都是风向标，而且很多时候走在美国前面。英特尔还将借助中国的机遇和能力，与其自身实现互补，共谋未来发展。”

在杨旭看来，合作才能适应企业全球化发展的变化。以5G为例，在2017年MWC上，英特尔就公开了很多与合作伙伴联合开发的案例。

例如，英特尔与中国联通的合作。据中国联通相关工作人员介绍，基于英特尔的高性能通用云基础设施，该设备为中国联通5G网络中边缘DC（指在靠近物或数据源头的网络边缘侧，融合网络、计算、存储、应用核心能力的开放平台，就近提供边缘智能服务）的构建提供一个参考的样本。同时，还可以让用户在4G网络中体验5G的网络业务。

在一些赛事场馆内，中国联通的用户可以通过自身携带的手机、PAD等设备，通过登录App或者微信公众号，实时观看多角度的高清视频和互动直播。

又如，英特尔与中兴通讯在5G上的深度合作。在2017年MWC上，英特尔展示了与中兴通讯合作推出的面向5G的下一代IT基带产品IT BBU。

据介绍，该产品是全球首个基于软件定义网络和网络功能虚拟化的5G无线接入解决方案。

英特尔数据中心事业部副总裁林怡颜介绍道："我们跟中兴通讯一起合作把x86平台、云的平台带进通信的基站里。"

面对诸多的难题，如何把各式各样的云服务直接带到5G的网络里面去，这是目前英特尔与通信设备厂商急需解决的问题。解决5G的痛点，不仅仅需要解决提升技术的难题，更为重要的是要让商业模式有序地进化。

对传统芯片的霸主英特尔来说，要想有效地转型，必须解决上述两点。目前英特尔正依靠其在IT领域积累的技术实力连接运营商以及各种垂直行业。

路径一，英特尔与运营商，以及通信设备厂商合作的深度更大。英特尔与AT&T、NTT DOCOMO、SK电信、沃达丰、爱立信、英国电信、Telstra、韩国电信、LG Uplus、KDDI、LG电子、Telia、Swisscom、TIM、阿联酋电信集团、华为、Sprint、vivo、中兴通讯和德意志电信等众多全球知名企业开展合作。

路径二，英特尔与GE、宝马等垂直行业的巨头密切合作，在垂直行业中寻找5G场景应用的突破口。

这两种路径都可以让英特尔成功实现转型。在英特尔看来，自己是能够提供5G端到端解决方案的厂商，解决方案包括无人驾驶平台、5G传输技术以及背后的数据中心等。或许，目前正是英特尔成功转型的新时机。

英特尔的5G机会

为了与竞争者争夺领导权，英特尔涉足人工智能、无人驾驶、5G、VR等领域。英特尔主动出击的频率展示了其对进入这些领域的决心。

在2017年MWC上的一场演讲中，英特尔数据中心事业部副总裁林怡颜说道："面对未来，你如果不抓住机会，机会就失去了。"

在这样的思想指导下，英特尔成为国际奥委会的顶级赞助商。为此，英特尔承诺，将对2020年奥运会16个赛事活动进行VR直播。

对于这次合作，国际奥委会电视与市场部总经理蒂莫·卢姆在接受《第一财经》的记者专访时介绍说："奥林匹克2020议程上，我们明确了会升级比赛，利用技术降低比赛的复杂性，增加可观赏性，最终减少观众的观看成本。同样重要的是，提升奥林匹克的品牌形象，加深奥林匹克运动的足迹，我们觉得技术可以确保让我们更高、更快、更强。"

在蒂莫·卢姆看来，观众越能直观地观看比赛，就越想买票去坐在现场。对于国际奥委会而言，这既可以提高观众的人数，又可以与观众建立深刻的联系，让观众更加享受观赛的体验。

英特尔感知计算事业部中国区总监汤振宇在接受媒体采访时坦言："VR带来的互动性比传统的电视要高得多。让一代人通过VR来观看体育比赛，我们希望能让他们成为热爱奥运会、热爱体育运动的人。"

在汤振宇看来，体育数字化就是可以充分展现VR未来潜能的一个典型应用场景。汤振宇介绍称，在未来，仅仅是利用英特尔360度回放技术将2D视频和体育赛事转化为沉浸式3D视频，每分钟就要产生2TB的数据。要想交付真正的VR体验，意味着终端和云必须具备强大的计算力、全新的传感与捕捉技术，并在处理、分析海量数据方面实现惊人的技术进步。

汤振宇补充说道："我们看到，在经历井喷式的发展之后，中国VR行业的发展正在重新回归理性。VR技术的发展不仅没有停滞不前，还在加速推进当中。包括英特尔在内的众多行业领导厂商都在加强对VR的投资，陆续推出与VR相关的领先技术和产品。"

面对诸多的市场机会，曾任英特尔高级副总裁、首席战略官的艾莎·埃文斯表示，英特尔正在尝试寻找一些不同的可能性。

为了顺利转型，英特尔还瞄准了中国八大重点领域，包括人工智能、无人驾驶、5G、虚拟现实、中国制造2025、精准医疗、体育、机器人。

在转型中，英特尔无疑会发力智能制造领域。究其原因，"中国制造"急需解决的普遍问题是工厂的数字化演进。按照英特尔的预测，到2020年，每个工厂每天约会产生1000TB的数据。倘若把这些数据有针对性地计算，可以挖掘其中巨大的商业价值，大幅地提升生产效率并推动智能工厂的演进。

对此，英特尔物联网事业部中国区总经理陈伟说道："所有人都在寻找端到端的机会，在前端不断搜集数据，让设备不断智能化。消费类产品领域的智能设备和工业、物联网应用的智能设备在搜集数据方面有异曲同工之妙。方式和目的都是一致的，这没有'界'。数据搜集完之后到后端的处理也是一样的。物联网要从物开始，物本身如果不智能，即便联网也没用，物联上网之后机会就更大，因为要挖掘增值服务，那完全是额外新增的机会。"

爱立信的5G革命

千呼万唤后，5G大潮即将到来，5G不仅以全新的网络架构，提供至少10倍于4G的峰值速率、毫秒级的传输时延和千亿级的连接能力，还将开启万物广泛互联、人机深度交互的新时代。

作为行业研究者，我们更为关注5G技术所带来的巨大商业价值，这样的价值不仅体现在电信领域，同时还将在芯片、器件、材料、软件、制造业等基础产业掀起新一轮技术产业创新浪潮，其产业规模将超过万亿美元。

根据GSMA研究数据预测，截至2025年，5G在全球可创收1.3万亿美元，带动高达6.5万亿美元的相关产业价值，创造2000万个工作岗位。

如此巨大的市场潜力，无疑将推动全球主要国家和运营商相继启动5G试验，纷纷出台战略计划，开展产业布局，抢占战略制高点。在这样的浪潮下，一场波澜壮阔的5G较量就不可避免，其幕布正在徐徐地拉开。

爱立信的5G优势

2017年7月，爱立信发布的《爱立信移动市场报告》显示，预计到2022年，全球5G用户高达5.5亿人，在北美地区最为突出，5G业务将占据移动业务的25%；在亚太区，其市场也同样乐观，约10%的用户将成为5G用户。

该报告还提及，2016—2022年，中东和非洲地区的通信业务也会改变，将逐渐改变以GSM/EDGE业务为主的状态，到时80%的用户将使用WCDMA/HSPA和LTE业务。

根据爱立信的预测，2026年，电信运营商基于5G技术推动的各行业数字化，将产生高达5820亿美元的市场价值。此外，伴随着用户日益依赖物联网终端，当低时延、低功耗、移动化真正普及时，用户市场对可靠的5G网络的需求会更加强烈。对于电信运营商来说，其收入将增加34%。

基于此，5G技术落地后，无疑会引领各行各业的转型。为了能够在此领域占据先机，为爱立信带来新的增长机会，重新塑造爱立信在全球移动通信市场中的地位和影响力，《爱立信移动市场报告》显示，早在2012年，爱立信就在欧盟成立了5G研发机构METIS，成为5G技术的探路者。此外，爱立信还参与全球各个5G研发组织，并与主要电信运营商、产业合作伙伴、行业客户积极开展合作。

在5G技术积累方面，爱立信也在积极地进行研发。例如，在2017年世界移动通信大会前，爱立信率先推出5G平台，涵盖5G核心网、无线和传输解决方案，以及数字化支撑系统、转型服务和安全系统，由此奠定了爱立信在5G产品、路线图和技术架构方面的基础。

在2017年世界移动通信大会期间，爱立信再次展示了其最新的5G系列方案和产品，涵盖3.5GHz 5G NR和AIR 5121、联合网络切片、5G插件、面向5G的NFVI和云解决方案等。在大会现场，爱立信展示了5G核心网驱动的智能工厂、车联网集市、健康物联网、爱立信车队云等。

爱立信高级副总裁艾华信在接受媒体采访时说道："爱立信在创新方面一直领先，我们有业内最强的专利组合，5G专利也领先于其他竞争对手……相信未来爱立信将继续占据行业最领先的地位。"

爱立信的5G竞合

2017年3月7日，3GPP第75次全会通过了5G加速的提案。该方案是通信行业在5G标准领域通力合作的成果。

在标准制定方面，爱立信一直都较为活跃和积极。具体体现在从5G标准研发，到5G标准的目标规划，再到正在进行的技术标准讨论。

在这里，我们先回顾一下爱立信的创业史。1876年4月1日，拉什·爱立信和同事安德森一起注册了拉·马·爱立信机械修理公司。

该公司的办公地点在瑞典首都斯德哥尔摩皇后街15号一间租借的厨房里。就这样，拉什·爱立信在简陋的作坊里开启了自己的创业人生。

拉什·爱立信跟其他创业者一样，创业条件十分艰苦，主要设备就是一架制造仪器的脚踏式机床，创业启动资金只有区区1000瑞典克朗，而且还是从玛丽亚·斯特龙伯格那里借的。

创业初期的爱立信，修理电报机及其他电器仪表是其主要的经营业务。拉什·爱立信潜心专研，设计并生产出一系列改进设备，不仅产品适销对路，而且还赢得了市场的认可。如用于铁路系统的自动电报装置，凭借优良的产品性能，在当地市场赢得了广泛的赞誉，并很快被用于消防、警察和铁路运输部门的众多公、私机构。

研究发现，拉什·爱立信的创业开局非常顺利，不仅如此，敏锐的拉什·爱立信还发现一个巨大的蓝海市场。在当时，美国的发明家亚历山大·格雷厄姆·贝尔刚刚获得第一批专利，拉什·爱立信就敏锐地觉察到这批专利的巨大商业价值，于是对该新领域倾注了极大热情，正是因为如此，爱立信才得以纵横电信业上百年。

1877年，美国生产的电话机开始进入瑞典，并迅速占领了瑞典大部分市场。具有工匠精神的拉什·爱立信，在通过对电话机的维修和认真研究后掌握了电话机的制造技术，不仅如此，拉什·爱立信还研发了经济耐用的新式电话机。

1878年11月，拉什·爱立信推出了自己的电话机，一经推出很快就赢得了大量订单。在19世纪70年代，对于大多数人来说，电话机可是一件奢侈品。尽管如此，敏锐的拉什·爱立信仍以其超人的洞察力觉察到，电信业的商业价值十分巨大。为此，拉什·爱立信为了“光复”电话机市场，不得不投入精力和时间在电话机和相关设备的研究、改进上。

1880年，美国贝尔公司利用在美国生产的设备在斯德哥尔摩、哥森堡、马尔默等地建立了瑞典首个电话网络。贝尔的这一举措让爱立信觉察到其形势的严峻性，一旦没有优质的产品与贝尔竞争，那么爱立信将失去瑞典整个国内市场。

正当爱立信考虑该如何突围时，机会就这样到来了。1881年，位于波罗的海的Avle市为当地的一个电话系统公开招标，贝尔的竞标方案——每年为用户安装和运行系统，用户需要支付200瑞典克朗，贝尔可以与用户签订为期5年的合同。

为了打败贝尔公司，爱立信通过仔细研究后提出一个能够打动用户的方案——让每个用户缴纳275瑞典克朗的初装费，此后用户每年只需缴纳56瑞典克朗的运行和维护费用。与此同时，贝尔和爱立信生产的设备都在Gavle安装并做试用比较。

大多数用户试用后认为，贝尔和爱立信两家公司生产的产品都运作良好，但是爱立信生产的电话机更加简便、耐用、美观。

在此轮较量中，爱立信通过Gavle交换机协会和权威专家的最后鉴定，最终获得本次竞标。10天后，爱立信的设备竞标方案略做修改后便付诸了实施。

同年在挪威，贝尔与爱立信再次交手，爱立信也在与贝尔的竞争中再次获胜。这次胜利，不仅是爱立信创业史上取得的第一个重要的辉煌战例，也是爱立信发展史上的重要里程碑。此次胜利，意味着爱立信的技术和产品有能力和世界上最大的通信公司竞争，而且还胜利了。

经过数十年的经营，从早期生产电话机、程控交换机发展到今天全球最大的移动通信设备商，爱立信的业务遍布全球180多个国家和地区，是全球领先的端到端全面通信解决方案以及专业服务的供应商。

作为百年企业的爱立信，由于历史的原因，对5G标准的研发一直都很积极。基于此，目前全球行业已经达成共识，只有统一的5G技术标准，才符合全世界人民的共同利益。

不可否认的是，标准统一意味着5G产业链在全球范围内迅速发展和成熟起来，从而能快速地降低产业成本，真正地实现5G全球化。

艾华信介绍道："5G未来只会存在一个标准，这一标准将得到包括中国在内的世界各国大多数运营商的支持……统一的行业标准将为行业带来最低的成本、最大的成功。"

在爱立信的5G战略中，标准只是一个布局方向，拓展5G市场还需要与行业各方开展更为广泛合作。为此，爱立信与包括全球运营商、多所大学和多个科研机构在内的30多家合作伙伴签署了5G合作备忘录，并开展了相关合作。目前，爱立信已经先后与Verizon、T-Mobile、DOCOMO、韩国SK电讯、德国电信、沃达丰、Orange、SmarTone、Telia等进行了相关5G试验以及概念验证，均取得了突破性的进展。

除了运营商，爱立信与ICT领域的同行也展开了合作。比如，爱立信与思科和英特尔合作，为商业与民用住宅开发下一代5G路由器。

在汽车领域，爱立信、奥迪、宝马、戴姆勒、华为、英特尔、诺基亚和高通联合成立了5G汽车联盟，为5G的商业化探索前进道路。

2017年6月1日，爱立信牵头，联合多家合作伙伴实施的5GCAR项目入选5G基础设施公私合作项目，该项目的实施意味着5G车联网技术又向前迈出重要一步。

在通信企业之间，虽然竞争较为激烈，但是并不影响它们开展合作。艾华信介绍称，爱立信与华为等中国通信厂商围绕5G发展就有很多合作，比如在标准制定方面就是合作伙伴，形成了双向互利的合作关系。艾华信说道："竞争虽不可避免，但大家也在合作推动新标准的制定……其实这个行业中的竞争对手并不多，因此每家企业都能获得自己的一席之地。"

第七章

相关行业的“5G+”机会

根据5G的商用时间表，中国已经实现在2017年展开5G网络第二阶段的测试，在2018年进行大规模试验组网，接下来中国将于2019年启动5G网络建设，2020年正式启动5G网络商用。

5G网络由于拥有更高的速率及带宽，因此可以帮助VR、AR等技术广泛应用于工业、农业、教育、医疗、精密仪器检修、仿真、设计、培训等多个领域，有效地激活传统产业的市场价值。

对于这样的变化，融合网CEO吴纯勇坦言：“5G将深刻改变人们的社会生活，使万物互联成为现实。”

在吴纯勇看来，5G技术可以促进信息消费，释放内需潜力，并且能够在中长期内显著推动中国经济的发展，甚至还可能成为未来中国经济社会发展和产业升级转型的重要推动力，其广阔的发展前景和市场空间会彻底改变传统产业的格局。

“5G+工业”：重新定义工厂

当经营者步入5G时代后，智能工厂的全流程都将互联网化，即使在生产的各个环节涉及的物流、上料、仓储等方面的方案判断和决策，5G及其相关技术都可以为智能工厂提供全云化的网络支持平台和解决方案。

要做到这点，5G就必须满足智能工厂需要的条件。在传统工厂中，自动化机器设备扮演的只是重复劳动的工人的角色，这部分工作渐渐地将被更加智能的机器人替代。

这样的趋势会刺激那些勇于革新的经营者，他们试图让最先进的移动通信技术向生产制造业的各环节进行全方位的渗透。当然，让移动通信技术只在人与人之间的应用走出常规的区域，无疑需要强有力的转型动力，这样的动力往往源于巨大的潜在商业价值。比如，经营者利用移动通信技术升级改造工厂，就有可能为生产制造业开拓出一个商业价值巨大的蓝海市场来。

5G网络在工业生产中的应用

2017年，华为联合德国电信在巴塞罗那世界移动通信大会上，现场进行了基于5G技术的工业机械臂搬运箱子的动态演示（见图7-1）。

这个展示预示着未来的工厂将更加智能。在此次展示中可以看到，华为5G网络端到端的切片技术精准地控制两只机械臂，动作同步，流畅地完成了全套协同动作，向外界展示了未来智能工厂的一个缩影，同时也展现了5G网络在工业生产中应用的场景。

图7-1　2017年华为联合德国电信基于5G技术动态演示工业机械臂搬运箱子

资料来源：5G，《华为：5G在智能工厂中的应用》，2017年5月31日。

全球不计其数的工厂为在即将到来的5G时代实现自己的全面智能化生产，早已是跃跃欲试。例如，在荷兰的一个被外界称为"熄灯工厂"的电动剃须刀工厂里，128只机械臂以超高的灵活度做着同样的工作，其标准动作远超最灵巧的工人。

在这个工厂里，机械臂不停地在两条连接线上将零件穿进肉眼无法看见的小孔中，且不分日夜全年不停地工作，实现了在固定地点、固定程式下的高度自动化生产。

基于此，机械臂的工作效率很高，运行速度较快。为了不伤及工厂中的管理人员，机械臂会被存放在玻璃柜中。该工厂就是未来智能工厂的雏形。

随着5G时代的到来，移动互联网和物联网将进一步融合成移动物联网，移动通信技术应用无疑会渗透到人类生产生活的各个领域，比如，人与人之间的通信技术将升级为人与物、物与物之间的通信技术。

对生产制造业企业来说，让更加强大的信息技术推动和促进其生产与制造方面的转型和升级，这已经成为不可阻挡的趋势。

早在2011年，华为就已经开始自己的数字化战略创新了。在物流方面，华为启动了数字化平台，只需35个工作人员就可以操作偌大的华为深圳物流中心。这些工作人员主要负责贴条形码和抽查产品质量。

迈过物流中心右端的一道红外线测试门后，就到了“无人区”库房了。当产品高度、重量，以及条形码经过红外线测试都合格后，自动传输带将其带入库房，其后由机器分门别类地码放在各自应在的货架里，最终按照先进先出的原则被送出库房。

这样的数字化物流，其自动化程度和远程射频技术相当高。而在华为上海研究所展厅里的高端产品，其数字化技术一样不低。

在华为上海研究所的展厅里，华为工程师手里拿着一部华为生产的平板电脑为前来采访的《经济日报》记者黄鑫讲解道：“展区里的图片、视频等都要通过这台平板电脑来控制。”

在上海研究所展厅里，主要展示华为无线产品，前沿的华为无线领域技术在这个展厅里无处不在。

当《经济日报》记者黄鑫来到一张闪着红点的电子地图前，华为工程师介绍道：“这是Traffic地图。以前，运营商的工程师经常要带着机器去路测，看各个地方的信号如何，既辛苦也不准确，现在我们推出这种Traffic地图，可以通过基站来自动获取周围的信号及信息，目前国内的运营商都在用这个产品。”

据华为工程师介绍，移动宽带解决方案Single RAN是业内领先的家庭用网关设备，仅仅一套就可以支持200万名用户同时看高清电影。当然，该设备的每一项技术都包含了为迎合客户需求而定制的因素。

时任华为技术有限公司副总裁、首席法务官宋柳平说道：“华为的自主创新是站在巨人的肩膀上，基于客户需求的开放式创新。”

早在2008年，华为终结了飞利浦垄断长达10年之久的霸主地位，一举成为世界专利申请数量（非核准）年度最多的公司。

这离不开华为巨额的研发投入。事实上，华为十分重视研发，甚至将每年不少于10%的销售收入投入研发，将研发经费的10%投入新技术预研，持续构建产品和解决方案的竞争优势。

基于此，在创新上，华为强调必须以满足客户需求为前提。比如，华为曾因在下一代网络（NGN）市场上过分强调单纯的技术指标而遭到冷遇。华为创始人任正非痛定思痛，及时调整策略追赶，以客户为中心，认真倾听客户需求，经过不懈努力和改进，终于重新赢得了客户的信任，承建了世界上最大的NGN网——中国移动T网等项目。如今，华为该项产品系列在全球市场上占有率达32%，处于第一位。

正因为坚持以客户为导向的创新，在展厅的蓝色大地球仪上，华为的八片花瓣Logo在地球仪上遍地开花。

5G网络使能柔性制造实现高度个性化生产

随着中国经济的崛起，消费者的购买能力也在日渐提升，中产阶层消费群体已经成为商家竞相争夺的对象。

基于此，越来越多的企业开始利用新技术，尤其是通信网络技术，对用户的需求和产品信息进行前置，以满足中产阶层消费群体的个性化定制需求，进而提前进行消费布局。

为了满足全球各地不同市场对产品的多样化、个性化需求，越来越多的生产企业逐步地更新现有的生产模式，通过柔性技术的生产模式为用户提供个性化的定制产品。

根据国际生产工厂研究协会的定义，所谓“柔性制造系统”，是指一个自动化的生产制造系统，在最少人的干预下，能够生产任何范围的产品族。一般情况下，系统的柔性往往受到系统设计时所考虑的产品族的限制。因此，柔性生产的到来，无疑是推动了新技术的研发。

第一，在工厂生产中，柔性生产要求工业机器人具有很高的灵活性及差异化的业务处理能力。

在5G时代，经营者可以利用5G自身无可比拟的优势，推动柔性化生产的大规模普及。工厂使用5G网络后，不仅可以减少机器与机器间的线缆成本，而且可以利用高可靠性网络的连续覆盖，保证机器人在移动过程中活动区域不会受到限制，按照要求准确地到达各个地点，在各种场景中进行不间断工作及进行工作内容的平滑切换。

为此，有学者撰文指出："5G网络也可使能各种具有差异化特征的业务需求。在大型工厂中，不同生产场景对网络的服务质量要求不同，精度要求高的工序环节关键在于时延，关键性任务需要保证网络的可靠性，大流量数据即时分析和处理需要高速率。5G网络以其端到端的切片技术，让同一个核心网中具有不同的服务质量，按需灵活调整。如设备状态信息的上报被设为最高的业务等级等。"

第二，5G可构建以连接工厂内外的人和机器为中心的全方位信息生态系统，最终实现任何人和物在任何时候和任何地点都能共享彼此的信息。在消费者要求个性化的商品和服务的同时，企业和消费者的关系发生变化，消费者将参与到企业的生产过程中，并且可以跨地域通过5G网络参与到产品的设计过程中以及进行产品状态信息查询。

在传统工业时代，用户在家动一动鼠标键就能够通过互联网"造"出一台冰箱，这样的事情无疑是天方夜谭。然而，在"互联网+"时代，海尔位于沈阳的冰箱无人工厂却把这样的科技梦想照进了现实。海尔位于沈阳的冰箱无人工厂凭借智能交互制造平台前联研发、后联用户的手段，打通了整个生态价值链，实现了用户、产品、机器、生产线之间的实时互联，为用户在家中通过互联网定制自己钟爱的冰箱提供了技术支持。

当前，以"互联网+"为基础的工业4.0浪潮正在影响全球的制造业，《中国制造2025》中将工业智能化作为未来产业发展的重要方向。可以肯定地说，海尔位于沈阳的冰箱无人工厂以智能互联为基础，以用户个性化定制为主线，以全流程整合为途径，已经俨然成为“中国制造2025”率先实践的最佳样本。

90后女用户小郑刚刚租了一套房子，想要买一台适合她用的冰箱。在小郑看来，跑到实体店去货比三家是一件挺“过时”的事情。

小郑更愿意直接到网上商城去定制一款自己心仪的冰箱。究其原因，是小郑对颜色、款式、性能、结构等特征都可以做自主选择，在确定之后下了订单就万事大吉。不仅如此，小郑还可以通过互联网随时查看自己定制的冰箱到了哪一个工位、哪一道工序，有没有出厂，有没有开始送装。

在工厂中，小郑的定制冰箱订单需求被传递到生产线的各个工位上，工作人员根据用户需求进行生产和优化，在生产线上，1万多个传感器充分地保证了产品、设备、用户之间的互联沟通。工作人员只需要把配件随机放进吊笼里，生产线就可以根据用户定制的型号自动检索。生产完该型号的产品，系统会自动知道下一个产品的型号是什么，自动进行切换，10秒钟之内即可完成。通过这种方式，满足了用户个性化定制的需求。

上述场景不是发生在科技大片中，而是发生在海尔智能工厂的流水线上。当然，这一切得以实现的关键是海尔从一个家电制造商转型成为一个大型平台公司。在这个平台上，活跃着无数的小微团队——他们有些来自集团内部孵化，有些则是外部团队入驻。

众所周知，个性化的定制产品不同于以往批量化生产的产品，即使是同样一款家电产品，也往往会根据不同用户的特殊需求调整不同的生产流程。为了满足用户的个性化定制需求，在海尔平台上活跃着的无数小微团队，轻松地将该产品进行模块化分解，让每个团队认领一个或几个自己擅长的模块进行生产，最后在海尔的智能车间中进行拼装。海尔小微团队这种先化整为零，再化零为整的做法，能有效地实现大规模定制化生产。

在“互联网+”时代，传统的大规模生产将被个性化的定制所颠覆，越来越多的传统企业以“互联网+”为基础进行小规模定制。在《小众行为学》一书中，美国社会趋势观察家詹姆斯·哈金明确指出，在未来，社群经济将取代“将所有商品卖给所有人的策略”。在詹姆斯·哈金看来，中间市场是传统企业过去最为广阔的市场，即那些用户并不是传统企业最核心的用户，但是他们的选择不多，而传统企业的产品又能勉强满足这部分消费者的需求。过去这部分消费者也会成为传统企业的客户。

在“互联网+”时代，这样的现状已经改变，同样的需求会被另一些竞争者更精准地满足。当传统企业的中间市场逐渐萎缩时，只有实现传统企业的产品生产与消费者之间的高精度匹配，才能拓展其产品销售。中欧国际工商学院运营及供应链管理学教授赵先德表示：“互联网的影响正逐渐深入到采购、制造、产品设计等环节，以及这些不同环节的整合，最后形成基于供应链流程的整合创新。”

在传统企业的相关案例中，生产缝纫机设备的杰克控股的转型就是这样一个高精度匹配的案例。杰克控股集团总裁阮积祥介绍说：“我们是缝纫机行业，最终用户就是普通消费者，而需求正发生很大变化，个性化需求明显。现在有些服装，一个型号一个款卖完就没有了，都是小批量的。你要定制什么颜色、款式，未来都可以通过虚拟网络来实现。希望哪个工厂做以及怎么做你都能选择。”

阮积祥的经验似乎证明了詹姆斯·哈金的观点。公开资料显示，杰克控股位于浙江省台州市，其地理位置较好。台州位于浙江省中部沿海，东濒东海，北靠绍兴市、宁波市，南邻温州市，西接金华市和丽水市。

在台州市，密集分布着大量的缝纫机制造企业。在2008年金融危机后，波及世界的经济危机导致了台州大批缝纫机制造企业遭遇生产经营困难，而杰克控股率先启动转型，把业务聚焦在缝纫机产品上。2012年，杰克控股再次转型，把产品设计和生产聚焦到小规模客户身上，即那些有个性化需求，需要进行小批量生产的企业客户身上。

杰克控股这样的做法，遭遇企业内部人员和外部经销商的诸多质疑。阮积祥解释说：“从2008年开始，中国传统企业逐渐感觉到危机，很多都倒闭了，不转型就可能‘死’掉。浙江企业这两年‘死’了很多，特别是2011年。为什么？就是因为它们不去变革，还是走大批量生产，靠（降低）成本、人工制造为主的道路。”

杰克控股转型后，其订单的总价值变得非常小。有些客户只下了订购50~100台缝纫机的订单，甚至还有更少的。这对于大批量生产的杰克控股来说，在短时间内显然是一个艰难的转变。

面对这样的难题，阮积祥却坚持转型，究其原因，是他早就发现大型缝纫机设备的销售占比正在下降，而小型设备的销售占比在逐步上升。不仅如此，阮积祥也在为此次成功转型做准备。2009年7月1日，杰克控股耗资4500万元人民币，通过非股权、非承债式的方式收购德国奔马和拓卡，收购的原因是奔马和拓卡在世界高端自动裁床产品市场中具有巨大的影响力。

收购奔马和拓卡后，阮积祥在台州下辖临海县建立了一个工厂，其生产线专门生产特殊产品。其目的是“为订单而生产，不是为库存而生产”，即实现更智能化的后拉式生产。后拉与前推相对应，而前推是指不管下一个环节真正需要多少，只要前面做多少就往后面压多少。按照以前的方式，最终会造成库存量大量增加。而现在要以客户订单为基础，营销部门给制造部门下订单，由后道工序拉前道工序，例如涂装给精加工下订单，精加工给铸造下订单。理论上说，如果这种需求每一层传递的信息都是精准的，可以实现零库存生产。

如今的杰克控股定制能力越来越强，每台设备的功能非常简单。为应对未来的个性化需求，其每一台设备的功能都是单一的，这样意味着，每一种客户需求都能找到一台对应的设备。

当杰克控股的个性化生产取得较好的业绩时，也有专家认为，并不是所有的传统企业最终都要走上个性化定制的道路，完全排斥规模化生产也是不客观的。在用友网络副总裁王健看来，真正的趋势应该是规模化定制，定制产品与大规模批量生产仍旧共存。

针对个性化生产的路径，也有专家指出，个性化产品必须建立在“软硬结合”的基础之上。如用户在使用苹果手机时，下载的App都是不一样的，因此每一台苹果手机都是个性化的产品，承载了不同用户独一无二的使用偏好。

工业4.0问题专家李杰形象地把产品的价值比喻为蛋黄，由此衍生出的服务则为更大的蛋白。这就意味着人们能够看见的东西，其价值往往是有限的，而不可见的服务，其价值却是无限的。

这样的转变促使传统企业经营者在个性化时代不仅要制造产品，还应该转向销售服务，甚至连机床这样的工业母机都需要在“互联网+”的浪潮下调整经营策略。2013年，沈阳机床成立了尤尼斯工业服务公司，在尤尼斯工业服务公司副总经理马少妍看来，当初成立尤尼斯工业服务公司的着力点就是从卖产品转向卖服务，不只是销售机床，还要提供从设计到建设整条生产线的解决方案。尤尼斯工业服务公司正尝试以租代卖的形式销售机床，用户先付10%~20%的保证金，之后以每小时25~30元的费用支付这台机床的使用费，不开机不付费。

马少妍还介绍，该平台系统的这款App实时地显示每台在线机床的工作状态。当然，不仅是机床，许多App都可以做到在线监控工厂的实时工作，当流程出现问题时会发送预警，并可根据预警在线寻找解决方案。

马少妍坦言：“未来的工厂可能就是由一个普通人操作，他有台机床放在后院，通过网络就可以接单生产。”马少妍认为，未来的智慧工厂不仅仅提升了传统企业的生产力，也改变了传统企业的生产关系。

“5G+农业”：新型农业的技术升级

2015年，中央一号文件提到“中国要强，农业必须强”。这份文件的出台，足以证明中国政府对农业的重视。2015年，“互联网+”被写进政府工作报告，正式吹响了中国工业、农业、科技、教育、医疗等行业全面进军互联网的号角。

中央政府出台这样的文件是基于当下成熟的互联网技术，其带来的农业智能化浪潮正在变革中国传统的农业作业形式，互联网技术以计算机为中心，集成信息技术，将感知、传输、处理、控制融为一体，不仅可提高农产品的产量及质量，同时也增强了农作物抗击病虫害等诸多生长风险的能力。

在科技盛行的美国，农业物联网技术已经覆盖80%的大农场，据说这些大农场的经营者通过高度自动化的大型农业机械设施，3个人就可以完成1万英亩（1英亩=6.07亩）的土地管理和玉米收割，其效率之高令中国农业从业者叹服。

在这样的背景下，中国政府把互联网当成解决农业问题的重要途径，正在通过互联网发展倒逼农业革命。究其原因，成熟的互联网技术正在深刻地运用到智能农业中。

“互联网+农业”的趋势

新希望集团创始人刘永好在接受媒体采访时坦言：“现在有大量的互联网企业在给农业做投资，用互联网使农业生产更有效率、更加贴近市场、更加便捷，武装农业食品，是大势所趋。”

据刘永好介绍，新希望就“建立了一种叫作‘物联网’的体系，在每一个猪舍，每一个生产环节、保育环节、育肥环节和每一个生产过程，都能通过物联网建立一个视频检测系统，而且这个系统能够跟内部计算机和外部网络联网，让消费者可以随时监视，更加放心”。

在刘永好看来，互联网可以使农业更有效率，尤其是即将到来的5G，其网络可以让农业步入互联网化时代。对此，财经观察员马光远建议：“第一要实现监管；第二要实现现代化，利用互联网的技术，促进农业、养殖业、食品业的现代化，才能有效提高中国农业竞争力。”

当监管到位后，解决了“取信于民”的问题，尤其是农业的物联网化，不仅是为了让生产企业形成让人放心的格局，也是想让老百姓逐渐建立对中国制造的信心。农业的监控体系也应该跟监管部门连起来，虽然增加了一项投入，但却很大地提高了工作效率。对此，刘永好还透露：“习总书记之前到全国人大四川团，专门谈到了农业问题，习总书记说，要实现农业产业结构性改革，第一要扩大规模；第二要更加科学化科技化；第三要用互联网的手段，帮助农业跟市场监管等方面进行衔接。”

从这个角度上讲，现代农业离不开互联网支撑。中国高层对此非常重视，习总书记强调，要着力构建现代农业产业体系、生产体系、经营体系，努力走出一条产出高效、产品安全、资源节约、环境友好的农业现代化道路。因此需要实施“互联网+现代农业”的行动计划。

互联网由于本身的属性，不仅可以连接农业生产者和市场消费者，同时也可以整合资源和调整生产方式，让农业生产按照市场需求而定，弥补农业生产周期长等诸多缺陷，提升农业生产力的竞争力。

此外，在农产品加工阶段，互联网的优势也十分明显。生产过程中的自动化、管理方式的网络化、决策支持智能化以及装备设施远程监控都可以有所作为，尤其是在销售方面，结合网络电商和电子支付，可以形成迅速高效的产销模式。

2014年7月至8月，在北京延庆举办的第十一届世界葡萄大会就是智能化农业的注脚。在这次展会上，北京派得伟业科技发展有限公司（简称“北京派得伟业”）就接到了3000万元的订单。

据北京派得伟业的官网介绍，该公司成立于2001年6月，由北京市农林科学院和国家农业信息化工程技术研究中心共同投资组建，主要从事农业、农村信息化软硬件开发及系统集成、销售和服务。

此次世界葡萄大会就是由北京派得伟业负责规划、设计与建设葡萄大会科普馆和智能温室。北京派得伟业设计的太阳屋温室采用的是分层分布式结构，由内外环日光温室及综合控制中心两部分组成。

北京派得伟业的董事长杨宝祝介绍说：“视频监控系统实现了温室视频信息的24小时不间断监控，这有助于园区管理人员及时了解作物生长情况，追踪作物生长的关键环节，及时发现作物的异常情况。”

在这套系统中，温室环境信息智能采集的控制点，由ASE控制器、各种环境信息传感器、各种执行机构，以及配电控制箱四部分组成，通过交换机与综合控制中心连接起来。

杨宝祝坦言：“ASE控制器根据设置的中央控制中心对采集的各种环境传感器信息进行处理，形成决策指令，自动控制对应执行机构动作，为作物生长发育提供最优的小气候环境。”

众所周知，环境信息传感器监测的内容，包括空气温湿度、土壤温度、土壤含水量等等。这些因素都会影响作物的生长。

在农业现代化中，一般的温室视频监控系统通常是一套相对对立的系统，主要由现场图像采集摄像头、多业务综合光端机、图像数据转化传输视频服务器几部分组成。其工作原理是，通过现场安装的摄像头对整个设施内作物的生长状况进行图像采集，其后将采集的图像通过光端机上传至视频服务器，大大地提升了工人的劳动效率。

据杨宝祝介绍，“用户可根据权限实现对任意位置可调镜头视频图像的聚焦、变倍以及方位移动控制，系统会保存移动物体的自动录像，根据视频图像的清晰度设置，系统提供15~45天的存储空间，供管理人员后期察看”。

这个系统的核心是监控中心。对内，监控中心通过局域网将各监控点空气温度、空气湿度、光照强度、土壤温度、土壤湿度等关键参数，以及视频信息汇总、显示、存储后集中处理。对外，监控中心通过互联网发布上述相关作业信息。

在接受媒体采访时，杨宝祝说道：“值得关注的是，环境信息采集系统上位机软件采用组态软件开发，人机界面友好，操作简单，可显示实时数据列表以及数据曲线，下载并显示历史数据列表、数据曲线以及数据分析等。”

在“互联网+农业”的发展模式中，北京派得伟业无疑是其中一个成功的范例。同样在2014年，北京派得伟业在黑龙江出师顺利，一举拿下了7000万元的订单。

黑龙江拥有中国最大的水稻生产基地，这样的市场使得北京派得伟业更加重视。自从2011年以来，北京派得伟业就承建了超过60个智能化水稻生产车间，有累计催芽超过10000吨的纪录。

主要是智能化水稻生产车间可以提高10%的出芽率，这无疑大大提升了水稻的产量，同时也降低了成本。杨宝祝自豪地说：“经过催芽车间催出的芽种出芽率提高10%，达到95%，催芽时间节省2~3天，亩产量增加5%~10%。”

最近几年来，黑龙江广泛地应用集中工厂化芽种生产模式，同时，节水灌溉物联网系统的应用，使每亩节约灌溉用水150立方米，每亩节约成本15元左右。这为黑龙江带来了数亿元的经济效益和社会效益。

对于“互联网+农业”，杨宝祝强调，物联网带来的农业智能化浪潮，以计算机为中心，集成信息技术，将感知、传输、处理、控制融为一体，推进了农业生产的标准化、智能化、自动化，节省了人力成本，提高了农产品的产量、质量，增强了作物抗击自然风险的能力，正被广泛推广和应用。

互联网将提升农业整体实力

“互联网+”在成为国家战略后便大红大紫，以至于传统企业的经营者们都打起“互联网+”的大旗。随着褚橙、柳桃、潘苹果的高调上市，以及互联网经济的蓬勃发展，农业电商领域也逐渐成为投资者们纷纷热衷挖掘的蓝海市场，如此庞大的用户群体、无法估算的市场空间，自然点燃了“互联网+农业”的活力。

“互联网+农业”无疑被寄予了解决目前农业生产中普遍存在着的农业现代化水平低、标准化水平不够、产品附加值低、产品安全难以追溯等问题的无限期望。在这样的背景下，“互联网+农业”背后的商业价值自然就被挖掘出来。

通过实施“互联网+现代农业”行动计划，整合农业产业链、要素链、利益链，发展农产品仓储、物流电商等新兴流通业态，在推进第一、第二、第三产业融合发展深入的同时，我们应该明白，互联网只是一种单纯的工具，一方面要利用其优势，将其置于基础设施的位置，发挥它自身巨大的生产力，另一方面要改进农业各产业方面的管理模式、经营逻辑和制度理念。

“互联网+”时代的到来，无疑推动了传统的中国农业走向现代化，一连串政策的出台，昭示着“互联网+农业”的大潮正在如波涛汹涌的海浪一样扑面而至。

2015年5月8日，国务院出台电商“国八条”政策，旨在加强互联网与农业、农村融合与发展，中央财政为此拿出20亿元专项资金用于农村电商基础设施的建设。

其后，商务部等二十多个部委参与的《关于促进农村电子商务加快发展的指导意见》的初稿完成，最终文件以国办发文的形式出台，意味着中国首份全面部署农村电商发展的文件出台。

2015年5月20日，国务院办公厅下发《关于加快高速宽带网络建设推进网络提速降费的指导意见》，明确提出2015年新增1.4万个行政村通宽带，在1万个行政村实施光纤到村建设，95%以上的行政村通固定或移动互联网；在未来2年，80%以上的行政村实现光纤到村。

2015年以来，“互联网+农业”的概念不仅体现在政策层面上，市场“大佬”们也进行了一系列布局。

2015年5月18日，国内最大的农产品信息交易平台“一亩田”宣布和上市公司新希望六和股份达成战略合作。双方将携手构建“互联网+产业链”的协作新模式，为传统食品生产企业的采购、生产和销售环节插上“互联网+”的翅膀。在这波浪潮中，“三只松鼠”的脱颖而出，书写了“互联网+”思维的一个电商范本。

三只松鼠成立于2012年，是一家从事坚果、干果、茶叶等森林食品的研发、分装及网络自有B2C品牌销售的现代化新型企业。三只松鼠品牌一经推出，立刻受到了消费者的认可。2013年，三只松鼠的营业额达到3亿元，仅仅在2013年“双十一”当天，三只松鼠的销售额就达3562万元。

三只松鼠取得如此骄人的业绩，自然离不开当下的互联网时代，因为如果没有互联网平台，诞生这样的奇迹是相当艰难的。三只松鼠的标签显著，是第一个互联网森林食品品牌，代表着天然、新鲜以及非过度加工，主要销售坚果，上线仅65天其销售量就在天猫坚果行业排行榜上跃居第一名。三只松鼠创造这样的神话，到底是如何做到的呢?

第一，该品牌的主打产品为松子、山核桃、碧根果等干果，目标受众却定位在80后、90后等时尚人群。

第二，以可爱的动漫小松鼠作为品牌形象，非常有特点，而且还以绿色和黑色作为主打色，把较强的品牌记忆点留给消费者。

第三，产品细节尽可能与三只松鼠有关。如在产品的包装上撰写松鼠"卖萌"的小故事；加上倡导"慢食快活"的微杂志、绿色封口夹、剥壳器；将果壳垃圾袋命名为"鼠小袋"，擦手用的湿纸巾叫作"鼠小巾"……三只松鼠的产品细节明显区别于其他一般干果产品，这样的新创意自然容易让消费者惊喜，从而使其迅速形成品牌认同和口碑传播。

著名农业专家、嘉盛农业董事长杨建国认为，在"互联网+农业"时代，三只松鼠和褚橙是近年来最值得研究和学习的农产品电商案例。杨建国分析说："三只松鼠做的松子、山核桃、碧根果等干果并不特殊，但是它有两点把握得很好，一是运用大数据，精准定位目标客户，避免了泛化营销；二是实现与客户的密切互动，把简单的B2C模式演化为B2C2B，不断改进产品质量。三只松鼠的成功告诉我们，在互联网时代，不要妄想包打天下，而是要深入研究行业规律，以特色起步。"

在杨建国看来，褚橙代表了另一种农产品电商方式。杨建国认为："褚橙已经被赋予了成功学的含义，本来生活网还利用这层含义在礼品的基础上推出个人礼品概念，重点突出个人与个人之间的分享，利用节点人物迅速扩大了知名度和销量。褚橙的成功告诉我们，在互联网时代，人的重要性在提升，如何挖掘和扩散产品背后人的故事，成为农业企业经营者需要重点思考的内容。"

“5G+VR”：5G时代的“杀手级”应用

《2017中国VR产业投融资白皮书》显示，在被称为“VR元年”的2016年，中国VR市场的总规模仅仅只有68.2亿元，如此业绩对于风口上的VR产业来说仍处于市场的培育期。

值得欣喜的是，当Oculus Rift、HTC Vive、索尼PS VR等多款产品集中上市后，2017年迎来了VR的战略发展期。

对于目前VR的整体市场、产品成熟度，以及关键技术等指标的评估，尤其是即将到来的5G时代，赛迪顾问对VR的发展预测持乐观态度，预计到2020年，VR市场将进入相对成熟期，市场规模将达到918.2亿元。

赛迪顾问的数据显示，2015—2020年的VR市场规模会持续走高，分别为15.8亿元、68.2亿元、170.5亿元、342.8亿元、610.4亿元，918.2亿元（见图7–2）。

图7–2　2015—2020年VR市场规模预测

资料来源：工信部电子信息司，《2017中国VR产业投融资白皮书》，2017年3月28日。

支持这组数据的是即将到来的5G时代。随着5G时代的到来，基于移动宽带增强，超高可靠、超低时延通信，大规模物联网的应用场景的体验，诸多难以实现的技术壁垒因此被打破。

5G网络凭借高带宽、低延时、大容量等特点，使得许多行业与通信行业相连接，引发VR、工业互联网、车联网和移动医疗等新兴行业技术的创新热潮。

5G网络的低延时特点为VR的高速发展提供了现实土壤，再加上5G网络的大容量、更快的数据传输速率等特点，使VR巨大的潜在商业价值被激发出来。随着移动互联网的快速发展以及智能终端的普及，各个运营商都在拓展移动视频业务，有的运营商的视频业务占比已经趋近50%，并且还在快速增长。

与此同时，基于VR、增强现实终端的移动漫游沉浸式的业务正逐渐成为增强型移动互联网业务发展的方向。5G网络低于20ms的端到端可保证时延及其云网络构架的优势，也为VR的进一步发展提供了技术支持。

基于此，随着VR技术的持续不断发展，其市场前景非常广阔，但是当前VR行业急需解决模拟晕动症、空间受限以及安全隐患问题。

KATVR：把VR行动平台设备做到极致

杭州虚现科技有限公司（KATVR）联合创始人、CEO庞晨领导的团队解决了模拟晕动症、空间受限以及安全隐患问题。

据庞晨介绍，KATVR公司目前有近百人的团队，其中研发人员占比超过50%。因为个人的兴趣和爱好，庞晨才涉足VR产业圈，不仅如此，他还是中国首个虚拟现实社区VR China社区的负责人，中国首个VR行业活动平台VR Play的联合发起人。

此前，庞晨在加拿大一个贸易公司担任COO，由于兴趣和爱好结识了KATVR公司现任CTO王博（KATVR联合创始人）和现任CMO周骏（KATVR联合创始人），三个人一起于2015年成立了KATVR。

KATVR是一家VR交互设备提供商，该公司专注于VR交互设备的研发、生产与销售，其自主研发了ODT平台KAT SPACE系列产品，研发领域有虚拟现实交互、人体工学、人机工程、动作捕捉技术等。

据庞晨介绍，KATVR拥有国内外四十多项独立知识产权，其独立自主研发了全球首款无束缚VR行动平台KAT SPACE等系列产品，也是全球三大ODT（Omni-Directional Treadmill，中文名称为“万向行动平台”，俗称“VR跑步机”）的专业供应商之一。

当然，KATVR能作为全球为数不多的ODT专业供应商，就是因为解决了三大难点，真正地实现了虚拟空间无限位移。

据庞晨介绍，首先，KATVR解决了VR内容角色移动的三大难点——空间受限、安全隐患、模拟晕动症问题。

为了解决上述难点问题，KATVR在产品机械结构、传感器以及算法上进行了多层级的研究，自主研发系列的VR硬件，拥有无束缚开放式安全设计、可坐可蹲跳、身高体型自适应、布置灵活可多人对战、三轴分离传感器设计、线性行走速度设计、可替换耗损件等特点。

其次，KATVR研发的VR产品，在非常小的空间中也可以实现在虚拟世界中的无限位移。

当KATVR解决了用户受物理空间或者内容限制的问题后，用户进行VR游戏、安防训练、虚拟旅行、虚拟教育、虚拟场景漫游时，较小的空间就可以满足，非常适合进行跑步等运动。其场景能随意替换，可以是一个房间，一个操场，甚至是一座城市（见图7-3）。

行业应用

图7-3　KATVR VR产品的行业应用

满足上述需求的产品就是ODT，这是一种针对VR的人体输入设备，其解决了VR体验中的物理空间局限问题。

据庞晨介绍，ODT的优势是突破了物理空间的束缚，可以在任何大小的应用场景下应用。例如，在游戏领域，用户可以自由地控制其路线、去向，既可以防御、主动出击、迂回走位，也可以逃跑，大大地增加了自由度，适配的游戏类型也多种多样（见图7-4）。

游戏应用

电子竞技　对战射击　PRG

冒险解密　密室逃脱　虚拟社交

图7-4　KATVR VR产品的游戏应用

KATVR的这款产品也可以应用在B端。例如，提供消防演练以及消防方案的公司，可通过这款产品进行预演，训练逃生等技能，这样的应用在该领域突破了传统行业的限制。

正因为KATVR解决了上述技术瓶颈，其作为一个技术导向型公司，在成立不到2年的时间内，就获得3次融资。2016年初，KATVR获得了九合创投领投的数百万美元的天使轮融资；2016年7月，KATVR获得VR制造业公司百万美元的战略投资；2017年2月，KATVR获得浙江金控资本、硅谷天堂产业共同投资的3000万元A轮融资。

KATVR的主要业务，涵盖VR交互设备的研发、生产和销售。该公司已经拥有一套基于KAT SPACE VR万向行动平台延伸出来的集硬件、软件、内容、服务于一体的商用解决方案KAT PLAY的销售。

在庞晨看来，KATVR一直重视技术，秉承“专注做好一件事”的工匠精神，旨在把VR行动平台设备做到极致，让用户真正看到ODT节约成本、提高效率的价值所在。基于此，KATVR并不满足于现状，还在积极地拓展自己的边界。

庞晨坦言，VR行业像马拉松，KAT已经开始涉足B端教育市场。KAT公司目前的营业收入主要分为两大块：一是基于KAT SPACE VR万向行动平台延伸出来的集硬件、软件、内容、服务于一体的商用解决方案KAT PLAY的销售；二是使用软件平台上的内容产生的收入。

庞晨说道：“VR行业从硬件、内容到生态，都像马拉松，不存在一蹴而就的情况。目前的VR依然还是一个B2B2C的过程，C端的爆发是不会在一瞬间发生的，市场需要一个被教育的过程，在这个过程中从业者要做好蓄力，这样才能在C端市场真正到来的时候做好万全的准备。”

由于VR是一个高技术的行业，因此必须加强构建技术壁垒。庞晨坦言：“公司会将A轮融资资金用在研发方面，进一步加强技术壁垒，稳固核心竞争优势，在优化现有产品的同时也会重视市场运营以及团队的升级，另外会推出更多围绕ODT产品的人性化的VR交互设备。”

3Glasses：打造“平台+内容+硬件+交互”的产业生态

2017年8月，对于深圳VR硬件生产商3Glasses来说，没有什么比获得价值高达2.7亿元的合同订单更加令人鼓舞。

其后，媒体记者采访了3Glasses的媒体公关，期望公布更多的合作细节。对此，3Glasses媒体公关坦言：“这是一个海外的订单。因签有保密协议，不便透露更多消息。”

当3Glasses签订了大订单后，这个消息立刻在VR行业人员心里泛起不小的涟漪。因为在大多数VR企业还在反省该如何存活下去时，3Glasses却赢得价值2.7亿元的订单，这无疑是给VR行业注入一针振奋剂。

一石激起千层浪，虽然它让人眼红，但是一个必须接受的事实是，3Glasses能够签下这样的超级大单，离不开自身的实力和努力。

对此，3Glasses媒体公关人员介绍道：“第一，需要硬件方拥有完整的自主知识产权，双方要共同开发产品和优化用户体验，所以硬件方需要向其开放底层开发代码，也就需要在底层架构上不存在任何侵权的风险。第二，硬件方是否具有完善的对接内容的开发者平台，体现了硬件方对接开发者的能力，在国内的市场能够覆盖到的用户规模，以及向海外发展的潜力。第三，在硬件上有足够好的性能表现，包括120Hz刷新率、六自由度的交互方案等。这些刚好是3Glasses具备的素质。”

资料显示，3Glasses可能是国内最早的虚拟现实团队之一。早在2012年，3Glasses VR头盔就正式立项。其后，3Glasses创始人王洁正式打造了3Glasses品牌。

王洁介绍，她在VR领域已经耕耘了10多年了。2002年，王洁开始涉足

VR行业；2005年，王洁创立经纬度，打造中国最早的商业化VR团队。

王洁介绍称，她从早期的三维仿真建筑浏览，到后来的VR头盔软硬件平台和VRSHOW内容平台皆有涉足，见证了中国民用VR产业跌宕起伏的发展历程。

2014年10月，3Glasses召开预售发布会，正式发布沉浸式虚拟现实头盔。产品推出不到1年时间，企业的估值就达到1.5亿美元，成为中国科技领域2015年发展最快的企业之一。

王洁介绍称，研发和推出亚洲首款沉浸式虚拟现实头盔3Glasses，虽然仅仅用了不到1年的时间，但是3Glasses却让中国VR行业从业者人尽皆知。

可能读者会问，3Glasses取得如此业绩，其背后到底拥有怎样的实力。2014年末，在MARS大赛组委会初赛评选会上，3Glasses第一版产品D1开发者版给评委们留下深刻的印象。

当时，3Glasses第一版产品D1开发者版刚刚才上线1个多月，尽管还没有正式开始发货，但是却向评委们展示了一种全新的生活方式，尤其是让虚拟与现实变得没有边界。

王洁介绍道："根据马斯洛的需求理论，任何人都有精神层面的需求。而理想很丰满，现实太骨感。在现实生活中，大多数人的精神需求其实是难以得到满足的，所以就需要在一些虚拟的世界中去寻求这种精神层面的满足，例如在游戏中、电影中等。而3Glasses做的事情，就是让人们能够在一个更加真实的虚拟世界中去满足最基本的精神需求，简单来讲，就是让人们的情感在另一个维度绽放。"

经过30分钟的预赛面试，3Glasses以"科技"的标签拿到了进入MARS大赛全国总决赛的PASS卡。

在参加MARS大赛后的几个月，3Glasses进入了爆发式发展阶段：

2015年3月，3Glasses应邀参加美国GDC和巴塞罗那MWC展，与海外VR

设备商同台竞赛。

2015年6月，3Glasses作为深圳新兴企业代表入驻深圳工业展览馆。

2015年6月，在北京召开“境·无止境”新品发布会，发布全球首款量产2K虚拟现实头盔3Glasses D2 开拓者版，其详细参数见表7-1。

表7-1 3Glasses D2开拓者版详细参数

<table>
<tr><td rowspan="5">主要规格</td><td>产品类型</td><td>外接式头戴设备</td></tr>
<tr><td>显示屏</td><td>TFT-LCD显示屏</td></tr>
<tr><td>镜片</td><td>双非球面高透光学镜片
2k高清屏幕</td></tr>
<tr><td>显示尺寸</td><td>5.5英寸</td></tr>
<tr><td>刷新率</td><td>影像显示刷新率：60Hz
头部跟踪刷新率：1000Hz</td></tr>
<tr><td rowspan="2">功能特点</td><td>传感器</td><td>Gyroscpe、Aceleromter、Magnetometer
1000Hz</td></tr>
<tr><td>接口</td><td>HDMI，USB接口</td></tr>
<tr><td rowspan="3">其他规格</td><td>颜色</td><td>外星银、铂金</td></tr>
<tr><td>产品尺寸</td><td>192.5mm×88mm×80mm</td></tr>
<tr><td>产品重量</td><td>246g</td></tr>
</table>

据王洁介绍，推出3Glasses D2开拓者版只是该企业战略的一个部分，软硬件结合构建VR生态才是3Glasses的核心竞争力。

在推出这一产品之前，王洁带领的3Glasses团队已经拥有10多年的VR技术经验，3Glasses D2开拓者版在硬件配置上当时已经达到国际水平。例如，3Glasses D2开拓者版拥有110°的视场角和小于13ms的延迟率，并且搭载了5.5寸2K高清屏，分辨率是2560×1440，PPI高达534，清晰度比当时国内市场上的VR头盔最少高出一倍。

王浩坦言，2K高清屏、110°的视场角和小于13ms的延迟率，这给3Glasses D2开拓者版带来极强的代入感。

在3Glasses的官网上，详细介绍了3Glasses D2开拓者版的技术规格（见图7-5）。

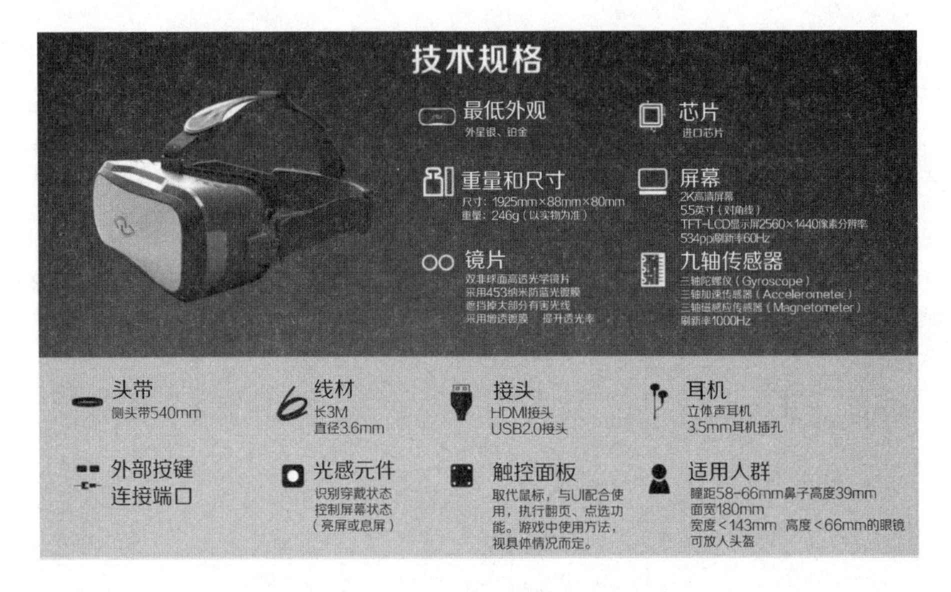

图7-5 3Glasses D2开拓者版的技术规格

除了高配置的硬件外，3Glasses还拥有一套完整的技术方案。具体包含可以在VR头盔中直接操作的VR UI，能够让人们更自然操控VR头盔的“体感魔戒”，以及与动捕系统Neuron合作推出的体感手套。

对于当前的VR行业而言，内容过少制约着硬件规模的快速增长。为了给用户提供内容支持，3Glasses在2015年6月的发布会上，一次性发布了8款独家VR游戏内容和100个独家旅游景点VR内容。在3Glasses的官网上，宣传海报中介绍了3Glasses D2开拓者版的VR游戏、VR视频、3D大片、直播和虚拟旅行这些应用内容（见图7-6）。

图7-6 3Glasses D2开拓者版的宣传海报

对此，王洁强调，除了游戏和旅游内容，3Glasses还与很多其他领域的内容提供商展开深度合作，例如电影领域的米粒影业和成人用品领域的春水堂等。

在内容方面，3Glasses积极地通过推出VR应用大赛和发布软件开发工具包，为VR头盔源源不断地输送优质的内容。

据王洁介绍，3Glasses正在逐渐形成一个“平台+内容+硬件+交互”的产业生态。在3Glasses的官网上，介绍了3Glasses的应用领域（见图7-7）。

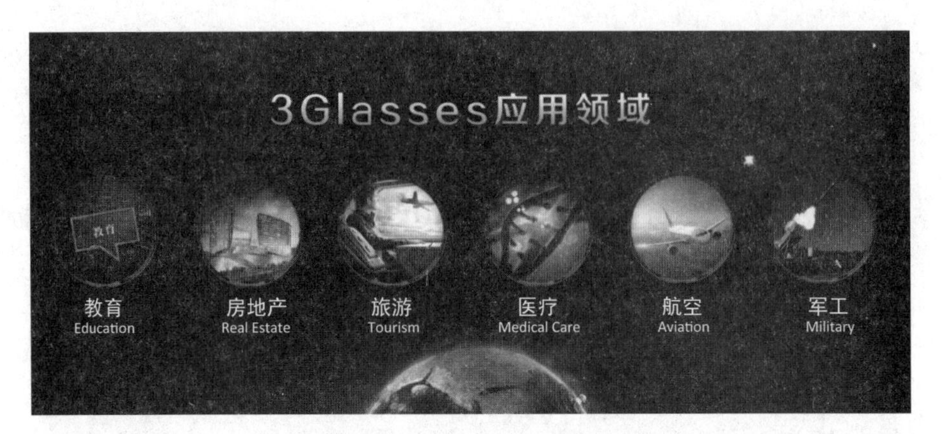

图7-7 3Glasses的应用领域

在王洁看来，这种战略生态链布局对引导更多优秀内容进入VR行业等方面会产生积极影响，非常有利于VR产业的发展和壮大。正因为如此，3Glasses成为微软中国区唯一具有自主知识产权和自有品牌的VR硬件合作伙伴。

HTC：未来20年不是手机的时代，而是VR的时代

当2016年VR的狂风刮来时，一些企业家们对此信心满满，甚至不惜以全部的家当来豪赌VR的未来。

研究发现，尽管VR已经成为“风口上的那头猪”，但是仍然有为数不少的创业者对VR技术持怀疑态度。这其中就包括脸书创始人马克·艾略特·扎克伯格，他就曾表示，VR的技术前景并不乐观。

扎克伯格的理由是，VR的普及至少需要10年，甚至需要20年。当然，批评VR的声音不只来自创业者，甚至还来自VR行业从业者。如一位自称模拟飞行头盔专家的美国VR行业从业者称，VR普及目前最大阻碍就是无法解决眩晕问题，为此他不看好VR的商业前景。其后，他的观点在科技媒体上广为传播。

当媒体质疑VR的商业前景时，来自中国台湾的企业——宏达电（HTC）的董事长王雪红却对VR的前景持非常乐观的态度。2016年5月，王雪红在2016中国大数据产业峰会上预测称："（VR）一定比智能手机普及要快，我认为也就2年左右。"

基于这一判断，HTC高歌猛进，加足马力，发力投资VR产业链，并为此建立了新的产品线，以及配套规模高达百亿美元的投资基金。

王雪红向外界传达了一个信息——HTC已经吹响了进军VR的号角。2016年4月，在2016全球移动互联网大会上，HTC Vive中国区总裁汪丛青表示，从个人电脑到功能手机，再到智能手机，每一个时代性的产品的更迭速度都比上一代要快，且更具沉浸感。不过，在近一年来，智能手机的销量已经开始下滑，下一个替代智能手机的产品将是VR产品。因此，汪丛青断言："未来20年不是手机的时代，而是VR的时代。"

在HTC的高层看来，VR的春天已经到来，所有的问题都无法阻挡HTC涉足VR产业的决心和步伐。从2015年3月发布HTC Vive开发版开始，到2016年2月开售HTC Vive消费版，HTC只用了1年的时间便赶上了历经3年发展的Oculus。

在外界看来，HTC之所以涉足VR产业，其背后原因或许是已经连续4年下滑的营业收入和全球智能手机市场占有率的下降。相关数据显示，2012年，HTC的营业收入为2890亿元新台币，然而到2015年，HTC的营业收入仅为1217亿元新台币；HTC的全球智能手机市场占有率2011年为9.1%，2015年已经下降到1.3%。2015年，HTC的税后净亏损竟然达到155亿元新台币。这样惨淡的业绩促使HTC急速转型，或许这也是HTC豪赌VR未来的重要驱动力。

（1）智能手机的衰落已经成为行业常态。

当HTC面临智能手机销量下滑时，昔日的劲敌苹果和三星电子的日子也不好过，都面临同样的问题。不过，在智能手机这一红海拼出一条血路来的同时，HTC毅然挖掘出属于自己的蓝海市场，于是激流勇进出现在VR领域。

不可否认的是，HTC涉足VR受到了手机业务销量不佳的影响，HTC2013年至2015年近3年的业绩都难称满意。

HTC近3年的财报显示，除了2014年有6.7亿元新台币的营业收益外，2013年和2015年分别出现了39.7亿元新台币和142亿元新台币的营业损失，以及13.2亿元新台币、155亿元新台币的税后净亏损。

这样的业绩促使让HTC寻找转型的路。回首2011年，HTC在智能手机领域取得耀眼的业绩。那一年，HTC的全球智能手机市场占有率竟然达到了9.1%，排名全球第五。在北美智能手机市场，HTC的市场占有率也曾一度超过苹果。

HTC拥有如此的闪亮业绩，让苹果有点羡慕。于是，苹果开始打击HTC。卧榻之侧，岂容他人鼾睡，这样的道理同样适用于手机市场。意气风发的HTC在美国攻城略地时，自然会抢占苹果的市场份额。

为了打击HTC，苹果采用惯用的竞争手段——专利战。让苹果欣喜的是，在首次启动对安卓阵营的代表HTC的专利战中，苹果就赢得了首个终审胜利。

在此次诉讼中，美国国际贸易委员会裁定，HTC的确侵犯苹果的一项专利，从2012年4月起禁止HTC产品在美国市场销售。苹果可谓是“守得云开见月明”。

在当时，作为全球最大的安卓智能手机制造商的HTC，可谓是“风头正盛”。Canalys的数据显示，2011年第三季度，HTC手机在美国市场的销量超过了苹果，成为美国市场的领头羊，市场占有率达到23%，这意味着苹果的市场份额被HTC吞噬。

为了打击HTC，苹果有着自己的战略布局。在美国禁售，意味着HTC将失去50%的收入。这是很多研究者认为HTC败诉被解读为在美国市场遭遇重大挫折的关键所在。

但根据HTC的分析，这次诉讼的结果并不像外界传的那么糟糕，此次HTC被判侵权的仅仅只是UI界面上的一个小小的应用，只要HTC在销往美国市场的产品中删除此项设计就可以了。因此，HTC尽管输了官司，但是却获得了自诉讼官司开始以来最有利的位置。这就是HTC在声明中表示欣慰的关键因素。

时任HTC总裁的周永明得知败诉的消息后表示，HTC公司已经研发出了一种新型手机，可以有效地回避与苹果在这项专利纠纷案件中所涉及的技术。

尽管如此，遭遇苹果打击的HTC最终还是一落千丈。《新京报》记者赵谨撰文称，众所周知，苹果创始人之一的乔布斯生前一直对谷歌当年“背信弃义”创建安卓耿耿于怀。他曾表示：“如果需要的话，我要用尽最后一丝力量和苹果账户里的400亿美元现金，来纠正这个恶行，我要摧毁安卓。因为它是个偷窃的贼，为此我不惜发起热核战争。”

在赵谨看来，作为安卓阵营中的三大制造商的HTC、摩托罗拉和三星电子，自然就成为苹果公司重点“清剿”的目标公司。

摩托罗拉手中握有丰厚的专利储备，因此在专利战中占据主动地位，在德国的相关诉讼中获胜，甚至还成功“驱逐”了苹果手机。

在这三家公司中，由于HTC是一家做手机代工起步的公司，在手机专利方面的储备自然无法与摩托罗拉相提并论。当苹果状告HTC侵权后，HTC才匆忙地收购S3以充实自己的专利储备。然而，HTC在收购S3前无法了解专利诉讼案的细节，当细节公布后，HTC才发现那不是它想要的。因此，HTC的冒险也随之失败。显然，HTC的专利储备仍然不足，无法为其市场领先地位保驾护航。

正是因为如此，HTC才遭遇苹果的专利“围剿”，处在风雨飘摇之中。对此，赵谨撰文称：“在ITC做出终判后，HTC仍面临着大量工作：购入更多的专利，或者通过利益交换，从对手及盟友手中获得更多的专利授权。”

在苹果公司的“重型火炮”攻击下，HTC的辉煌业绩没能持续多久就开始衰落：HTC与苹果和三星电子直接交锋，同时还与华为、小米等中国大陆手机品牌厂商竞争，两线作战使得手机行业很快就变成一片红海。另外，由于HTC对中国大陆市场不够重视，一味地拓展欧美市场，结果欧美市场逐步萎缩，导致其全面崩盘。

数据显示，从2012年开始，HTC的全球智能手机市场占有率就开始逐年下降。为了拯救HTC这艘大船，从2013年10月开始，创始人王雪红亲赴前线的次数越来越多，甚至还参与日常运营与管理。

然而遗憾的是，积重难返的HTC已经染上“大公司病”，让强势的王雪红举步维艰，没能扭转业务下滑的局面。

手机中国联盟秘书长王艳辉在接受《经济观察报》的记者刘创采访时坦言：“在智能机时代，手机的核心竞争力是不一样的。苹果依靠封闭的生态，三星电子有垂直的产业链，而大陆安卓市场看的是性价比……HTC没有三星电子、苹果那样的独特优势，在中国大陆市场又不愿放弃高溢价，衰落是必然的。”

当HTC面临苹果的控告、三星电子的打击与竞争时，昔日的手机霸主诺基亚也在欧洲连续起诉HTC，使得HTC“屋漏偏逢连夜雨”，麻烦如同车轮战一般接踵而至，这样的重创如同一把又一把利剑直接削减了HTC的智能手机市场。此外，HTC过于追求产品类型和数量，忽视了对拥有核心竞争力的智能手机的打造，加上其对中国大陆市场的错失，使得HTC在智能手机市场更是雪上加霜。

（2）VR成为入口。

当HTC面临智能手机业务急速亏损时，摆在HTC面前的有两条路：一条是主动积极转型，一条是被动转型。

在这样的情况下，HTC开启了自己的转型之路。这就意味着HTC不得不“壮士断腕”，甚至有人建议，当手机业务出现巨额亏损时，HTC必须放弃自主品牌的构建，重回代工时代，并等待新的业务增长点。

这样的建议，王雪红是断然不会接受的，因为代工时代已经不可能回去。对于此刻的HTC来说，挖掘VR产业链的蓝海市场可谓是一个转型关键点。

在这样的战略背景下，2015年3月，在世界移动通信大会上，HTC发布了HTC Vive头显，并在同月向外界宣布，将于2015年底发售HTC Vive消费者版。HTC做出如此大的动作，旨在向投资者、消费者表明其涉足VR领域的决心和信心。

HTC投资的重心向VR倾斜，自然无暇顾及手机业务。2016年4月，当HTC 10上市时，HTC甚至连一场发布会都没有为HTC 10开，这样的事实足以说明，HTC已经逐渐远离智能手机业务。

媒体报道的信息显示，当时王雪红现身北京HTC Vive中国战略暨VR生态圈大会，她的目的是力推相关VR的计划。

由于HTC对手机业务的不重视，HTC 10手机在中国大陆市场的销量不佳，上市3个月后便开始降价。当然，HTC之所以在VR业务中付出巨大努力，也是因为这一业务可为HTC的营业收入做出重大贡献，不断推动营业收入上升。在HTC看来，当前的VR业务处在多年期增长的初始阶段。

在一些研究者看来，目前VR领域较为火爆，不过缺乏有代表性的硬件产品和有沉浸感的内容，同时VR存在的眩晕问题依旧没有得到普遍而有效的解决。但是，这却抵挡不住消费者对VR产品的热情。目前，已上市的VR

产品包括数十元的谷歌纸盒、几百元的国产VR眼镜，以及6000多元的HTC Vive等，这些VR产品让消费者目不暇接。

基于如此的大势，HTC Vive中国区总裁汪丛青信心满满，于是在2016全球移动互联网大会上公开宣称“未来4年内VR的销量会超过智能手机的销量”。这样的信心爆棚是有其依据的。

国际数据公司IDC的研究数据显示，2016年，VR硬件出货量达到960万台。到2020年，VR硬件出货量将达到6480万台。即2016年到 2020年的几年之间的年增长率为183.8%。

为此，在2016年的第一季度财务说明会上，时任HTC首席财务官的张嘉临公开宣称，“HTC将投入大量资源，确保其在VR领域的领先地位”。

为了更好地保证VR领先，在更早时，张嘉临就曾向外界传达了一个关于HTC Vive是HTC实现业务多元化的体现的信息，HTC并不只局限于做智能手机品牌，而是有意成为一个生活科技类品牌。为此，张嘉临坦言：“在智能手机研发支出方面，HTC不会再增加；但是针对非智能手机设备的研发费用，HTC将继续增加。这就是HTC会就VR业务采取措施，虚拟现实业务在2016年接下来的时间里会占营业开支的一大部分，同时我们预计它也会占营业收入的一大部分。”

“5G+AI”：颠覆人类感知世界的方式

在AI应用领域，诸多跨国企业已经各自布局，比如华为发布全球首台搭载移动AI芯片的Mate 10手机。此消息如同一颗重磅炸弹，让AI变成一个全球热议的话题。

众所周知，随着AI技术的逐步成熟，AI技术将越来越多地应用在各个领域，且会变得更加智能。与此同时，由于2020年将规模商用5G技术，越来越多的与AI相关的研发将出现井喷式发展。

为了满足运营商早期部署5G网络的需求，2017年12月，3GPP在第一阶段中首先冻结NSA（Non-Standalone）标准，支持移动超宽带业务；2018年、2019年，5G的第一阶段和第二阶段会相继冻结。

资料显示，AI的基础能力就是连接，未来将形成一个连接AI应用“大脑”及各类终端的超大规模网络。当AI技术与5G技术深度融合后，其商业价值就不可小觑。

百度在AI领域的战略布局

随着通信技术的高速发展，4G网络已经不能满足用户的需求，这就使得5G网络被千呼万唤，翘首以待。当然，5G技术不仅可以提供低延时的网络，同时也将改变人们的工作与生活。

为此，百度集团副董事长陆奇称，在5G创造的新移动环境下，“AI是5G网络下最好的伙伴或者说是最好的加速器”。

在陆奇看来，5G带来的变革，不单单局限在通信行业，其力量在于与其他行业的深度融合。陆奇以百度的Apollo举例称，5G技术将使得通信延迟极大地降低，让车对车通信、车对人通信、车对基础设施通信变得更加流畅稳定，自动驾驶体验将得到大幅提升。

对于AI技术，陆奇非常看好。陆奇坦言，百度正在“利用AI来变革当前的业务”，比如搜索、视频娱乐业务都将借助AI技术具备更精准的检索和推送等能力。同时百度也在“通过AI打造一系列的新业务，尤其是自动驾驶汽车和对话式AI”，Apollo和DuerOS在AI技术的推动下已经取得了新进展，并展现出较强的增长势头。

陆奇强调，百度已经具备全球视野。他说道：“DuerOS将会是全球性的，已经进入了日本；Apollo将会是全球性的，它将进入新加坡和整个东南亚以及很多其他国家。”

2017年3月22日，此前为百度首席科学家的吴恩达对外宣布自己从百度离职。资料显示，吴恩达此前一直全面负责百度研究院的领导工作，是名副其实的百度AI业务的核心人物。

在前一天，百度创始人李彦宏在北京与以色列总理内塔尼亚胡进行了一场对话，李彦宏认为，互联网就像一道开胃菜，而主菜是AI。央广网整理的资料显示，从2013年开始，百度就已经开始着手进行AI的相关研究，详见表7-2。

表7-2　百度AI领域的战略布局

序号	时间	事件	详情	战略意义
1	2013年1月	中美两地设立人工智能研究中心，成立百度深度学习研究院	组建AI团队；李彦宏提出百度将成立专注于深度学习的研究院，并命名为Institute of Deep Learning（缩写为IDL）	百度AI战略的开端

（续表）

序号	时间	事件	详情	战略意义
2	2013年4月至2014年1月	设立硅谷人工智能实验室；IDL启动“少帅计划”	在谷歌后花园安家，聘请首位研究员；针对30岁以下的优秀人工智能技术人才的甄选和培养，“少帅”们如果通过3年考核即有机会获得“百度天使投资”，并全权带领20~30人团队，独立领导创新项目	聚焦人才、培养人才
3	2014年5月	世界顶级人工智能专家吴恩达加入	宣布正式成立硅谷人工智能实验室	人才搭建基本完善
4	2014年9月	涉足自动驾驶；发布大数据平台	百度与宝马签署合作协议，开始着手布局自动化驾驶；整合大数据、百度地图LBS的智慧商业平台，为各行业提供大数据解决方案	“AI+自动驾驶”；大数据平台成立
5	2014年12月	深度语音系统Deep Speech发布	在特定环境下的语音识别准确率上超过了苹果、谷歌的产品	语音识别做得很精准
6	2015年6月	离职潮	百度IDL创始人、常务副院长余凯，百度IDL主任、研发构架师顾嘉唯以及百度无人驾驶汽车团队负责人倪凯等人离职	百度AI饱受外界质疑
7	2015年9月	推出机器人助理度秘	为用户提供秘书化搜索服务，比如美食推荐、出行安排、电影推荐和生活推荐等	百度AI应用到很多领域，与百度020无缝连接
8	2015年12月	Deep Speech2发布	识别准确率可达到97%，Deep Speech2的特点是通过使用一个单一的学习算法就能准确识别英语和汉语，被NIT科技评论评选为“2016年十大突破技术”之一	识别准确率达到世界一流水平
9	2015年12月	自动驾驶汽车事业部成立	自动驾驶汽车驶入G7京新高速公路，测试最高速度达到100公里/小时，同时宣布自动驾驶汽车事业部成立	自动驾驶测试成功

（续表）

序号	时间	事件	详情	战略意义
10	2016年7月	宣布投资金融科技公司Zestfinance	Zestfinance是一家将机器学习和大数据分析结合，从而为客户提供精确信用评分的金融科技公司	延伸到金融领域，采取战略合作的方式
11	2016年8月	投资激光雷达公司Velodyne Li DAR	一方面是为了服务自己的自动驾驶汽车，另一方面是想在激光雷达供应链环节上获得一定的控制权	采取战略投资的方式，巩固自动驾驶领域新地位
12	2016年10月11日	推出医疗大脑	正式将人工智能技术应用到医疗健康行业	AI+医疗
13	2016年11月	与中国联通合作	中国联通将在手机百度、百度糯米、百度地图、度秘等项目上与百度开展深入合作	AI落地到很多具体服务
14	2017年1月17日	新核心人物陆奇加入百度	任百度集团总裁兼首席运营官、百度董事及董事会副主席，主要负责百度的产品、技术、销售及市场运营	百度核心管理层派系重新划分
15	2017年2月16日	全资收购渡鸦科技有限责任公司；成立度秘事业部	渡鸦创始人吕骋携团队正式加盟百度，并出任百度智能家居硬件总经理；原度秘团队升级为度秘事业部，直接向陆奇汇报	加速AI布局，及AI产品化和市场化
16	2017年3月1日	成立智能驾驶事业群组	原L3与L4两部门整合成智能驾驶事业群组，陆奇亲任总经理	AI业务按方向整合

在李彦宏的战略中，百度的未来，其核心就是人工智能。正像李彦宏所说，为了拓展人工智能，百度为此调整战略架构。2016年4月，无人车、AI等创新业务作为独立的部门，直接由李彦宏管理。

李彦宏非常看好的AI，自然不会只停留在实验室阶段，也在与O2O等商业项目展开深入融合。从这个角度上讲，AI不仅体现在百度的基础功能继续研究上，同时还有将新技术与商业相互交叉前行，又开展了一些高投入的未来项目。具体体现在四个方面：基础业务功能；O2O业务；与传统产业的融合；高新技术产业。

（1）基础业务功能方面。

众所周知，人工智能，尤其是在智能语音、图像识别等基础层面，需要有一定的技术和应用支持。在百度搜索引擎上，提供了语音搜索、图像识别、翻译等基础性功能解决方案，且在产品层面上进行了诸多迭代。这些产品有手机百度、度秘，还有百度图片等产品。

在清华大学举办的2017国际大数据产业技术创新高峰论坛上，百度高级副总裁、百度AI技术平台体系总负责人兼百度研究院院长王海峰说道：“百度从做搜索开始，对AI的研究和开发已经有十几年了，如自然语言处理基础的分词、短语分析等。”

王海峰介绍说，全面布局人工智能是在七八年以前，逐步从NLP、语音、机器学习、图像等方面开始，时至今天，百度已经形成了一个较完整的人工智能技术布局，包括基础层、感知层、认知层、平台层、生态层和应用层，共计六层（见图7–8）。

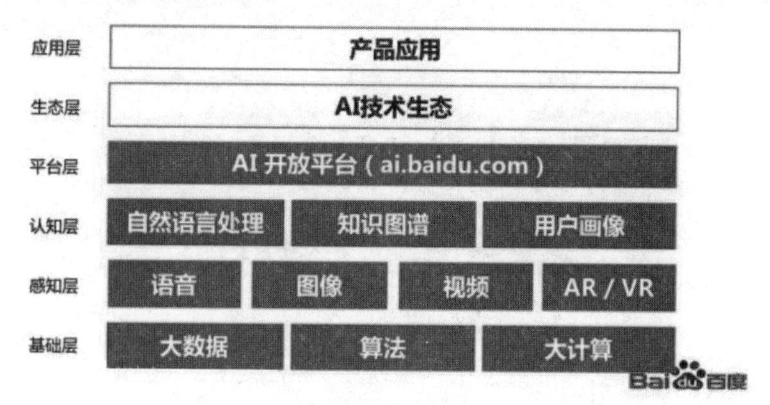

图7–8　百度人工智能技术布局

资料来源：王海峰，《百度人工智能》，2017年9月15日。

王海峰介绍，“语音技术的突破有很多方向，如识别、合成和唤醒，这是我们现在比较看重的，因为市场应用的需求很大”（见图7-9）。

AI 语音技术

多场景语音识别、合成和唤醒

语音识别

语音合成

语音唤醒

图7-9 AI语音技术

资料来源：王海峰，《百度人工智能》，2017年9月15日。

王海峰还介绍，百度AI语音识别，准确率已经超过97%（见图7-10）。

语音识别

近场

远场

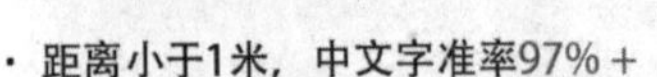

- 距离小于1米，中文字准率97%＋
- 支持耳语、长语音、中英文混合用方言

- 近场数据适配
- 麦克风阵列适配
- 中国家庭适配

图7-10 语音识别的场景变化

资料来源：王海峰，《百度人工智能》，2017年9月15日。

王海峰坦言，随着人工智能应用的深入，在家居场景、车载场景等许多不同环境中，越来越多的语音识别不是对着麦克风说，而是要有一定距离，这就涉及远场的语音识别。这与现在手机上的麦克风不一样，首先会有定位，还有一系列新的技术问题有待解决。合成想做得非常好，特别自然、流畅，而且可以是个性化的，包括把人的情绪变化等都带进去，这非常难（见图7-11）。

语音合成

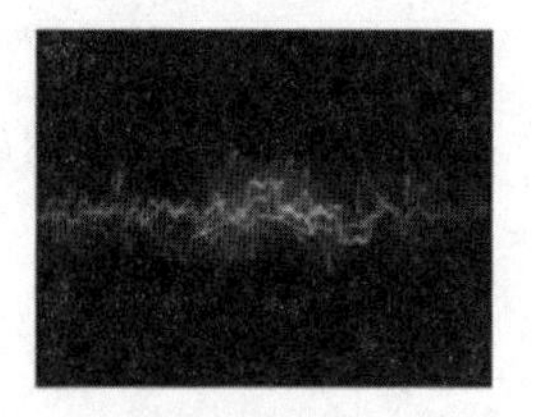

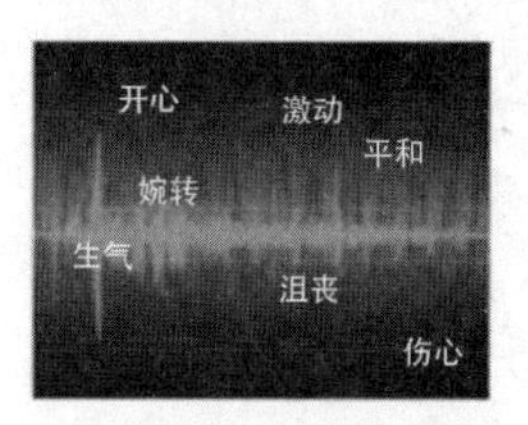

- 追求极致自然音色
- 个性化和明星音合成

- 增强对话感、个性声音、生动对话
- 情绪相适、融入更多情感的对话体验

图7-11　语音合成

资料来源：王海峰，《百度人工智能》，2017年9月15日。

王海峰介绍说：“这里不只是语音和声学信号处理问题，同时涉及对语言的理解、对人的理解，这样才能做出有情绪、个性化的合成。唤醒，是需要设备的时候就叫一声，它就知道你要跟它说话，比如家居场景的一个智能音箱或者智能电视，这时候就需要唤醒技术。”（见图7-12）。

语音唤醒

- 海量唤醒词数据，用户可配置
- 误唤醒率低

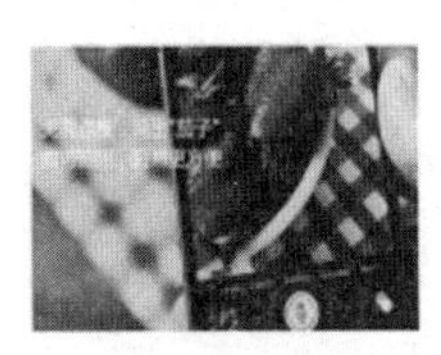

车载唤醒　　家居唤醒

图7-12　语音唤醒

资料来源：王海峰，《百度人工智能》，2017年9月15日。

对此，王海峰说道：“唤醒技术的困难在于我们要控制误唤醒，比如在家里放一个智能音箱，如果不叫它的时候，忽然之间它自己就跳起来了；或者睡觉的时候，有点外界噪声，它就忽然跳起来，这样体验就会很差。所以，控制误唤醒很重要，也很有挑战性。”

在感知层，除了语音，还有图像、视频、AR及VR。在图像方面，人脸识别是计算机视觉的一个重要方向。

据王海峰介绍，人脸分为静态和动态两种。静态，如一张图片，检测里面有没有人脸，或者有两张照片，比对一下两处出现的是不是同一个人，这方面的准确率已经很高了（见图7-13）。

图7-13　静态人脸识别

资料来源：王海峰，《百度人工智能》，2017年9月15日。

王海峰坦言：“识别动态图像的时候更复杂一点，比如有一段视频，首先要定位这些人脸，而这里会产生很多应用，比如在很长的视频流里找到一个人。”（见图7-14）

图7-14　动态人脸识别

资料来源：王海峰，《百度人工智能》，2017年9月15日。

王海峰介绍说道："我们可以对图像进行识别匹配，做语义的标注，粒度很细，如在一幅图里很具体地找到其中一个部分是什么，这里可以做很多细粒度的图像识别。"

（2）在商业实践方面，百度选择把当前的重心放在了O2O业务上。

尽管百度外卖已经出售，但是在之前，百度把AI渗入百度外卖、百度糯米等应用之中。通过海量的订餐、出餐时间大数据，百度可以推算出出餐的时间。

当然，百度还可以利用AI技术帮助店家、外卖员规划自己的时间和路线，最大限度地提升外卖的效率。在O2O服务中，百度通过AI为用户计算出时间、地点、路线，让用户在最短的时间内，选择最优的方案，同时提升了各方面的运营效率。

（3）在与传统产业的融合方面，百度在改造金融等传统行业的应用上走得比较靠前。

客观地讲，AI已经成为成千上万的传统产业转型的换血机器，并充当全面转型升级的催化剂。

在百度金融产品中，百度依靠自己的图像识别、数据风控等AI和大数据技术，甚至能够"秒批"，高效地让用户获得相应的信贷产品。除了金融外，在教育、医疗等行业，AI也在推动自己的作用，影响其行业的发展。

（4）高新技术产业方面，百度积极研发无人车、智能地图等高新技术。

据了解，百度在AI投入上，分别在智能政务、智慧城市、智慧交通等公共事业领域投入资金研发，尤其是在无人车领域。

阿里巴巴在AI领域的战略布局

近几年，由于AI成为风口，中国科技巨头都在布局AI，一向低调的阿里巴巴同样涉足AI，且布局较早，战略投资可谓出手阔绰（见表7-3）。

表7-3　阿里巴巴在AI领域的战略布局

序号	时间	事件	详情	战略意义
1	2012	汇集了一批来自全球的科学家团队，从事AI领域的技术研发和储备	低调前行，只是作为阿里云服务的一个子项目	阿里AI起步
2	2015年1月	DT PAT平台发布	一个针对开发者的数据分析平台，可快速完成对海量数据的分析挖掘，以及对用户行为、行业走势等的预测。DT PAT集成了阿里巴巴核心算法库，包括特征工程、大规模机器学习、深度学习等	AI底层技术平台搭建
3	2015年1月	阿里缘网（又名“黄图打分器”）上线	通过图像识别技术鉴别黄色图片，准确率超高99.6%	阿里AI辅助电商、支付业务的网络安全
4	2015年6月	145亿日元（约合7.32亿元人民币）战略投资日本机器人公司SBRH	在机器视觉、语音解析、家庭智能控制、智能网络安全等方面与SBRH建立研究合作	引入AI底层技术
5	2015年9月	支付宝发布自有智能机器人客服	可以理解口语化问题、分辨问题焦点，理解上下文，并且可以自我学习，服务效率是人工客服的60倍	AI应用于支付，提升支付业务的效率
6	2016年3月	阿里的语音产品在2016年年会上公开展示语音识别技术	阿里的程序在准确率上以0.67%的优势战胜第50届国际速联速记大赛亚军姜毅	阿里语音识别做到非常精准
7	2016年4月	小AI成功预测了当年《我是歌手》的结果	小AI以42%的胜率命中总决赛歌王李玟	阿里AI的深度学习愈发成熟
8	2016年6月	图中文字识别准确率排名世界第一	阿里巴巴图像团队的图中文字识别技术刷新了ICDAR Robust Reading竞赛数据集的全球最好成绩。以95%以上的超高准确率识别图中违规文字信息，2015年累计屏蔽了4600万条恶意推广	图文识别已经做到非常精准

（续表）

序号	时间	事件	详情	战略意义
9	2016年8月	推出ET机器人	ET机器人拥有智能语音识别、图像或视频识别、情感分析等技术，未来能够在交通、工业生产、健康等领域输出决策。而这个机器人也被包装为“20年后马云的接班人”	阿里AI野心暴露，延伸到阿里自身之外的业务

公开信息显示，在阿里巴巴的投资布局中，从AI芯片领域的顶尖公司寒武纪科技、深鉴科技，到计算机视觉领域的独角兽商汤科技、旷视科技，都被其揽入AI棋局之中。

2017年11月28日，《财经》杂志报道称，阿里巴巴已向商汤科技投资了15亿元。

此轮融资后，商汤科技的估值超过30亿美元。商汤科技专注于计算机视觉和深度学习的原创技术，是一家全球领先的AI平台公司，其在人脸识别、图像识别、视频分析、无人驾驶等方面都有技术突破和业务布局，业务范围覆盖安防、金融、智能手机、机器人和汽车等行业。

根据商汤科技官方披露的数据，商汤科技已与国内外400多家知名高校、企业及机构建立合作关系，其中包括美国麻省理工学院、香港中文大学、高通、英伟达、本田、中国移动、银联、万达、苏宁、海航、华为、小米、OPPO、vivo、新浪微博、科大讯飞、中央网信办等，涵盖安防、智能手机、互娱广告、汽车、金融、零售、机器人等诸多行业，为其提供基于人脸识别、图像识别、文本识别、医疗影像识别、视频分析、无人驾驶等技术的解决方案。

2018年4月，商汤科技宣布完成6亿美元C轮融资，再次创下全球AI领域融资纪录，并成为全球最具价值的AI平台公司。商汤科技现已在中国香港、北京、深圳、上海、成都、杭州，日本京都、东京以及新加坡成立分部，汇集世界各地顶尖人才，合力打造一家世界一流的原创AI技术公司。中国“智”造，“慧”及全球。

对于阿里巴巴而言，投资商汤科技仅仅是其在AI领域投资的一个案例。

早在2016年，阿里巴巴就与腾讯一起领投了美国的AI芯片公司Barefoot Networks的C轮2000万美元的融资，该公司的上一轮投资方包括谷歌。

据了解，Barefoot Networks开发了世界上第一个可编程芯片——Tofino芯片，该芯片可以以每秒6.5M的速度处理网络数据包，比目前市场上的任何芯片都要快2倍。

除了投资AI创业企业外，阿里巴巴更为关注的是招揽全球范围内的AI顶级专家，以建立强大的AI技术壁垒。

2017年6月25日，亚马逊前资深主任科学家任小枫更新了他在华盛顿大学官网上的个人主页，其最新职位为阿里巴巴iDST首席科学家和副院长。

之所以选择加盟阿里巴巴，任小枫表示：“在计算机视觉等AI技术高速发展的今天，能看到一个足够聪明的电脑将会改变人们的生活。但是这聪明用在什么地方、怎么用，需要有具体的应用场景的支持和指导。阿里巴巴有非常多的应用场景，也对AI技术非常重视，在iDST投入很多力量来发展这些技术以及应用。我相信我加入阿里巴巴iDST后，能有足够的支持和空间把计算机视觉技术真正做好、用好，让我们的生活质量上一个台阶。”

参考文献

[1] 艾凯德特咨询. 2018年中国5G现状研究及发展趋势预测，2018.

[2] 艾媒咨询. 2016—2017年中国移动广告行业研究报告，2017.

[3] 艾瑞咨询. 2017年Q3中国网络广告及细分媒体市场数据研究报告，2017-12-26.

[4] 百度百家. 华为已抢占智能全连接时代的先机 5G时代必将成为最大赢家，2018-03-13.

[5] 陈鹏，刘洋，赵嵩，等. 5G：关键技术与系统演进 [M]. 北京：机械工业出版社，2016.

[6] 陈建. 5G移动通信发展路线图出炉 [N]. 经济日报，2015-11-10.

[7] 陈听雨，凌纪伟，廖建新. 5G是促进大数据繁荣发展的催化剂，2017-07-28.

[8] 飞象网. 移动营销成新巨人盘石网盟助企业布局全球移动端，2015-07-14.

[9] 电子发烧友网. 分三步走，国内5G用户将达到亿级，2017-07-05.

[10] 房煜，黄燕. 后台："互联网+"时代制造业的化学反应 [J]. 中国企业家，2015（5）.

[11] 郭瑾华. 无人驾驶汽车：前路漫漫，道阻且长 [N].南方法制报，2018-04-27.

[12] 国际商报编辑部. 4G时代开启消费新亮点 [N]. 国际商报，2013-12-12.

[13] 工控网. 华为：5G在智能工厂中的应用，2017-05-31.

[14] 计育青. 预测未来不如创造未来：中兴5G放大招，2017-11-06.

[15] 华为官网. 研究与开发，2018-06-16.

[16] 澄泓财经. 5G全产业链深度分析之（一）：投资逻辑，2017-08-05.

[17] 刘创. HTC智能手机乏力回天 下重注押宝VR游戏开发 [N]. 经济观察报，2016-07-17.

[18] 李娜，来莎莎. 数十万亿级5G“盛宴”已开场 中国跻身第一阵营 [N]. 第一财经日报，2017-11-27.

[19] 栾敬东. 深入学习贯彻落实习近平总书记视察安徽重要讲话精神 构建“三大体系”扎实推进农业现代化 [N]. 安徽日报，2017-05-23.

[20] 廖国红. “互联网+工业”，助力“中国智造”，2015-06-05.

[21] 马爱平. “互联网+农业” [N]. 科技日报，2015-03-07.

[22] 齐鲁晚报编辑部. 嘉盛农业谈农业互联网：三大模式重塑农业 [N]. 齐鲁晚报，2015-07-31.

[23] Qualcomm中国. 当5G遇上医疗，未来将会是？，2017-11-24.

[24] Afif Osseiran，Jose F. Monserrat，Patrick Marsch. 陈明，缪庆育，刘愔，译. 5G移动无线通信技术 [M]. 北京：人民邮电出版社，2017.

[25] Sandra Rivera. 英特尔：面向5G的网络转型，需要边缘智能 [J]. 通信世界，2017（2）.

[26] 石章强，付晶晶. 人人谈“互联网+”，为何不将互联网服务向后延伸一步，2015-12-20.

[27] 泰一数据. 5G三大应用场景连接型社会改变行业发展现状，2017-11-01.

[28] 网易新闻. 中美欧日韩联手统一5G全球标准 日媒：中企加入竞争将更加激烈，2017-07-21.

[29] 网易新闻. 华为发布5G端到端全系列产品解决方案，2018-02-28.

[30] 小火车，好多鱼. 大话5G [M]. 北京：电子工业出版社，2016.

[31] 夏旭田. 5G全球统一标准有望形成 中国话语权提升 [N]. 21

世纪经济报道，2016-06-01.

[32] 新浪网. 封杀中兴：中国的软肋在“缺芯”，特朗普的软肋是票仓，2018-04-18.

[33] 杨学志. 通信之道：从微积分到5G [M]. 北京：电子工业出版社，2016.

[34] 袁弋非，王欣晖，赵孝武. 5G部署场景和潜在技术 [J]. 中兴通讯，2015（9）.

[35] 周翔. 5G引领的汽车革命，对供应链产生了什么样的影响，2017-01-19.

[36] 智研咨询. 2017—2022年中国第五代移动通信技术（5G）市场投资战略研究报告，2017.

[37] 智东西. 5G产业链大观：2020年4.2万亿美元 中国有先发优势，2017-03-05.

[38] 赵谨. 苹果获首个终审“胜利”HTC仍需补强专利 [N]. 新京报，2011-12-22.

[39] 中国无线电管理网. 全球5G研发总体情况——10分钟读懂5G，2018-06-16.

[40] 中国测控网. 5G频谱规划渐明朗 商用路线时间表确定，2016-06-03.

[41] 中国信息通信研究院（工业和信息化部电信研究院）. 5G 经济社会影响白皮书，2017-06.

[42] 中国报告网. 2018-2023年中国第五代通信技术（5G）行业市场供需现状调研与投资发展趋势研究报告，2017.

[43] 中国互联网络信息中心（CNNIC）. 第41次《中国互联网络发展状况统计报告》，2018.

后　记

5G拥有比4G更高的性能，支持0.1~1Gbps的用户体验速率，每平方公里100万的连接数密度，毫秒级的端到端时延，每平方公里数十Tbps的流量密度，每小时500公里以上的移动性和每小时数十Gbps的峰值速率。

更值得关注的是，以用户体验速率、连接数密度和时延作为5G最基本的三个性能指标。不仅如此，5G还将大幅提高网络部署和运营效率，其频谱效率的提升幅度是4G的5~15倍，能效和成本效率的提升幅度更是4G的百倍以上。

这组数据说明，5G是以用户为中心、为基础构建的全方位信息生态系统，将渗透到社会生活的各个领域。为此，中国工程院院士邬贺铨公开表示，当下的人类社会已经步入“大智移云”时代，大数据、人工智能、移动互联网与云计算的结合必将改变世界。

当然，要想实现这一切的前提是完善的移动通信技术，尤其是5G技术的三个性能指标要达标。邬贺铨解释道：“5G带来的不只是更大的带宽和更高的速率，未来5G主要用于工业领域，解决产业升级与发展问题。”

对于5G的商业前景，高通中国区董事长孟樸曾在公开场合说道：“5G将和印刷机、互联网、电力、蒸汽机、电报一样，成为一项‘通用技术’，被几乎所有行业采用。作为下一代连接技术，5G将当仁不让地成为大数据等未来创新浪潮的催化剂。”

从这个角度来讲，5G技术将促进不同技术的跨界融合，即数十亿台具有超凡能力的移动设备，将与机器人、人工智能、自动驾驶、纳米科技等领域的创新技术紧密结合。为此，孟樸坦言：“5G带来的变革将给人类社会、经济发展带来极为重要的影响，成为世界经济发展的新引擎。”

为了更好地介绍5G的商业前景及其对人类社会的影响，本书从七个部分分别介绍了5G的大国较量、标准之争、技术特性等内容，期望能给诸多企业的经营者、营销者、研究者和5G使用者提供有益的帮助。

这里，感谢“财富商学院书系”的优秀人员，他们也参与了本书的前期策划、市场论证、资料收集、书稿校对、文字修改、图表制作等工作。

以下人员对本书的完成亦有贡献，在此一并感谢：周梅梅、吴旭芳、简再飞、周芝琴、吴江龙 、吴抄男、赵丽蓉、周斌、周玲玲、汪洋、兰世辉、徐世明、周云成、周天刚、丁启维、吴雨凤、张著书、蒋建平、张大德、周凤琴、何庆、李嘉燕、陈德生、丁芸芸、徐思、李艾丽、李言、黄坤山、李文强、陈放、赵晓棠、熊娜、苟斌、佘玮、文淑霞、占小红、史霞、陈德生、杨丹萍、沈娟、刘炳全、吴雨来、王建、庞志东、姚信誉、周晶晶、蔡跃、姜玲玲、霍红建、赵立军、王彦、厉蓉、李艾丽、李言、李文强、丁文 、兰世辉、徐世明、李爱军、叶建国、欧阳春梅等。

任何一本书的创作，都是建立在许多人的研究成果的基础之上的。在写作过程中，笔者参阅了众多相关资料，包括图书、视频、报纸、杂志等资料，所参考的文献，凡属专门引述的，都尽可能地注明了出处，其他情况则在书后附注的参考文献中列出，在此一并向有关文献的作者表示衷心的谢意，如有疏漏之处还望原谅！

本书在编辑出版过程中得到了许多高校教授，研究5G经济的业内人士，以及出版社的编辑的大力支持和热心帮助，在此亦表示衷心的谢意。

感谢本书的法律顾问胡志海律师。

由于写作时间仓促，书中难免存在纰漏之处，欢迎读者批评指正。同时，也欢迎广大读者与本人进行约稿、讲课和企业咨询等方面合作。联系方式： E−mail：450180038@qq.com；微信号：xibingzhou；荔枝讲课：周锡冰讲台；微信公众号：caifushufang001。

本书作者